为什么我的钱总不够花

第一次领薪水
就该懂的理财方法

张国华◎著

中国发展出版社
CHINA DEVELOPMENT PRESS

图书在版编目（CIP）数据

为什么我的钱总不够花：第一次领薪水就该懂的理财方法 / 张国华著.
北京：中国发展出版社，2014.8

ISBN 978-7-5177-0183-5

Ⅰ.①为… Ⅱ.①张… Ⅲ.①财务管理—青年读物 Ⅳ.①TS972.15-49

中国版本图书馆CIP数据核字（2014）第136798号

书　　　名：为什么我的钱总不够花：第一次领薪水就该懂的理财方法
著作责任者：张国华
出 版 发 行：中国发展出版社
　　　　　　（北京市西城区百万庄大街16号8层　100037）
标 准 书 号：ISBN 978-7-5177-0183-5
经 销 者：各地新华书店
印 刷 者：三河市东方印刷有限公司
开　　　本：720mm×960mm　1/16
印　　　张：15.5
字　　　数：173千字
版　　　次：2014年8月第1版
印　　　次：2014年8月第1次印刷
定　　　价：32.00 元

联 系 电 话：（010）68990625　68990692
购 书 热 线：（010）68990682　68990686
网 络 订 购：http://zgfzcbs.tmall.com//
网 购 电 话：（010）88333349　68990639
本 社 网 址：http://www.develpress.com.cn
电 子 邮 件：lijian2025@163.com

序　一

　　品读国华兄弟的第一本心血著作，再一次感受到他对理财事业的认真和热爱，里面凝聚了他多年理财工作生活的真实经历和经验分享。读懂了，人人都能理好财。简单说，这是一位认真专业的理财师写给大众的普及理财知识和实操方法的书。

　　为了让读者朋友更好地了解本书，有必要讲讲这背后的故事。国华是和我一起创办卓越财富公司的联合创始人和公司的首席理财师。他是我们公司的早期创业成员，当初我们在面谈时，我跟他分享了对中国理财行业现状和问题的一些看法，剖析目前客户理财的痛点，并介绍卓越财富公司跟别的理财机构有什么不同，我们要怎样做第三方理财等等。后来他跟我讲，听完我的介绍，他恨不得立马加入卓越财富，并跟他的太太讲："我一定要加入这家公司，这就是我一直最想做的事，现在中国找不到这样的公司。"而我跟他第一次面谈后，心里也基本确定此人跟我有共同的梦想，他就是我要找的最佳创业伙伴。这就是两个理财师做第三方理财创业梦的开始，作为事业的搭档，我们彼此都格外珍惜这宝贵的缘分！创业四年来，我时常觉得我们在以自己极其微薄的力量和条件，做一件极其困难的事情，我们之所以历经无数苦难和考验还能坚持下来，最最根本的是我们心中的信念和梦想还在燃烧！令人自豪的是我们四年前想的东西正在逐渐变成事实！

也正是因为这份对梦想的执着，在2011年有将近两万名金融理财从业者参加的"全国十佳理财师"大赛中，国华作为我们公司唯一的参赛代表，荣获"全国十佳理财师"第四名的好成绩。在2011～2012年卓越财富曾经举办过的"理财进万家"活动中，他作为公司的讲师，多次到深圳本地的企业进行理财知识的培训，深受学员的欢迎和好评。大概是2012年时，他跟我说，想写一本理财方面的书，让人人都能学会理财。我当然是非常赞同和支持，只可惜最近两三年创业经历了太多的挫折和困难，影响了他创作的进程。庆幸的是，现在这份凝聚着一位理财师成长、奋斗和创业经历的作品终于面世了。

理财从业多年，让我深深地感受到，要找到一位同时具备专业精神、正直诚信和实战经验的理财师是极其不容易的事情，而国华正是这样难得的一位。同时，他更是一位执着、敢想敢做、有理想、有担当的创业者和好搭档。

书名"为什么我的钱总不够花"非常生动地提醒大家对理财的重视。文中有讲到常见的理财误区，比如很多人认为"理财是有钱人的专利"，以及我们理财必须清楚的事情——理财的终极目标是实现财务自由，理财就是让钱为我们工作，买好的基金就是让优秀的基金经理人为你打工，其实，这更是让优秀的CEO为你打工！怎么挑选银行理财产品，怎么买保险，如何实现财务自由等都是非常实用而宝贵的经验，通俗易懂，人人都能学会！当然，最精彩的还是文中的案例，这些基本都是他或者卓越财富公司在理财实操中的真实案例。比如"双职工的子女教育和退休安排计划""全职太太如何理好私房钱"等。用一句话来说，这本书简单实用、人人都能学会，但若该会的你不会，就有可能会在财务上犯大错。

最后，我确信本书对于大多数读者朋友，无论是不会理财的，还是已经把财理得不错的，都会从中获益良多。同时，我也期待国华将来能把自己践行理财师梦想的经历，特别是服务客户的精彩瞬间及宝贵经验，整理成更多更好的作品，分享给更多朋友，帮助更多家庭实现财务自由的人生。

深圳市卓越财富投资管理有限公司创始人兼总裁　叶彦成

序 二

　　某种程度上，张国华算是我人生的老师，朋友都昵称他为"张老师"。

　　夜深人静，我独自面对着电脑，屏幕上是张老师发来的《为什么我的钱总不够花》，看完书稿，我仿似坐上了时光机器，过去的一些画面历历在目。

　　前不久的某天下午，当我在16号洞发球台用一号木发了一个还不赖的球之后，张老师笑嘻嘻地说书快要出版了，让我帮他写序，我当时的第一反应是"我来帮你找个'大家'写吧，想找谁？"，但张老师目光笃定，依然笑着说："就你来呗！"我内心忐忑地应诺了。

　　我明白张老师的用意，他要的不是名人或"大家"的煽情甚至夸张的推荐，而是这么多年来大家对他的肯定和鼓励！我想同是年轻人的我来作序推荐此书，会否更加符合年轻读者的口味呢？（跪拜，张老师的第一本著作大卖！）

　　张老师是我们同学、朋友中的翘楚，型才兼备，拥有远大抱负并一直坚持自己的梦想，十年来获得了无数赞誉，"国家理财规划师"、"全国十佳理财师"、新浪网与和讯网专栏作者、《大众理财》和《第一财经》特约理财顾问、东方华尔特聘讲师、卓越财富首席理财师等等，特别值得一提的是张老师在2011年第六届全国十佳理财师大赛上获奖。能够成功获得该殊荣的国家理财规划师，都是中国金融人才中的精英，是中国金融行业中的基石，更是未来中国新一批金融界中的领袖人物。当我们大多数人在平凡中挣扎抗争时，张老师却向着梦想和目标不断迈进，用自己的专业智慧在财务上帮助了很多人，甚是令人嫉羡！

清晰记得多年前一个冬天的晚上，一帮朋友嬉笑吵闹、推杯换盏，夜深散场之后，张老师拉着我又找了一家露天排档，店家已准备打烊，但我们还是点了一桌的啤酒。数瓶下肚之后，张老师那坚定的目光穿过空瓶子朝我看来，"我要成为最顶级的理财师，我要帮助人们实现财务自由"，而我知道他此时一点都没有喝醉。

一路走来，虽然受到很多怀疑和劝阻，但张老师却从未放弃过自己的梦想。其中的艰辛和付出我很清楚，成就从来都不是随随便便就能取得的。我现在仍然清晰记得张老师那冬夜里明亮而坚定的目光，用心、专注的人，一定会成功！

上个月在上史蒂芬·柯维博士《高效能人士的七个习惯》的课程时，导师让大家写出工作和生活中最重要的5件事，大家纷纷给出了"健康、家庭、儿子、教育、升职、自我提升"等答案，但导师的一席话却让我们陷入了沉思。为什么没有一个人想到"理财"？理财绝对应该是大家生活中最重要的5件事情之一，没有财富支撑，其他重要的事情何来保障？

可见我们大多数人的理财意识还甚是薄弱！我们总是埋头拼

命赚钱，随意花钱，没花时间打理资产。所谓"你不理财，财不理你"，无论你现在是否已经积累了足够多的财富，如果你不用心进行财务规划，就很难实现真正意义上的"财务自由"！

张老师这本看似教人理财的书，却从一些非常基本的理念说起，用深入浅出的亲切话语和大量生动的案例，告诉我们理财应有的观念和态度，并且结合婚姻、儿女教育、置业投资、退休规划等与大家探讨理财工具的应用，特别适合正值事业发展初期和已完成财富初步积累的年轻人学习，如能深刻领会并加以应用，它完全可以带领我们走上通往"财务自由"的光明大道！

希望张老师的这本新书不仅能向年轻人传授他们需要的理财之道，而且能向更多的社会各界人士传递一种经营生活、奋斗不息的健康社会理念。

招商银行支行行长　蔡燕聪

序 三

早在一年多前，就听国华说他写了一本理财类的书，很快就要出版了。直到今天，找到我说帮他写一篇序，才真正看到他的书稿，让我感到非常欣慰。从事金融行业30多年来，我见过非常多的专业理财师，而国华是其中非常特别的一位，为人谦逊，虽然已经非常专业，但还非常好学，时常向我讨教一些问题。因此，我也非常乐意与他分享我过往的经验。希望能让他在理财事业上走得更远，帮助更多有需要的人。

纵观全书，《为什么我的钱总不够花》是一本理财心态多面看和透彻的理财心理书籍，作者借着很多不同角度和例子，以深入浅出的方式分析理财，以生活化、例子化和证据化的语言道出理财的重要性，让读者能轻松接受科学正确的理财观。

其实，生活中很多人一事无成，就是因为缺乏贵人帮助和指点，若得到贵人的真心支持和指导，就很容易走出困境。同样，在财务方面，由于社会日益富裕，大众对理财规划服务更加需要，无论一个人的财产有多少，都应该做好理财规划。对于大部分人来说，都没有足够的专业知识与时间来做好理财，如果这样，这本书便是您理财方面的贵人，相信读者在读后能获得更多的理财知识，对理财有更深入的认识。当然，最好就是寻求理财规划师的协助，如果能寻得像作者一样优秀的理财师，便可以让理财变得简单。

本书传递出轻松快乐的理财"正能量"，告诉读者如何通过财务安排来主宰自己的命运，让读者看清楚自己的不足，并提供优化理财思路，值得一看再看及收藏。通过此书，我们还会知道一个完整详细的综合理财计划是怎么样的，并且了解到一个专业理财师的工作其实并不简单，需要非常扎实全面的专业功底与实操经验。借此机会，也期盼国华能在理财道路上越走越远，越走越成功，帮助更多的人实现财务自由，无忧未来生活！

香港专业保险经纪协会主席

梁淑兰

香港保险纪律委员会主席

前　言

年轻白领的理财众生相

常言道"你不理财，财不理你"，很多人都知道这个道理，但是在平时生活中，很多人并没有把理财当回事。过去3年多来，通过在企业的各种理财分享课程及理财沙龙，还有日常理财咨询工作，我接触到了非常多的白领朋友。通过跟他们深入交流与分享，了解到了他们是如何看待金钱、财富以及理财，目前他们拥有怎样的理财方法，在理财方面都存在哪些困惑。

我认为，理财跟我们的生活很多地方是相通的，思路和哲学是相似的。食物就好比收入，增肥好比致富，增肥的关键不取决于吃了多少食物，而是取决于你的吸收和消化功能，而致富的关键不是你有多少收入，而是如何把收入变成储蓄，然后做好投资理财规划。如果想健康长寿，首先得了解自己的健康状况，关心自己的身体，不是一味地吃尽美食，满足自己的胃；其次是养成良好的生活习惯，掌握必要的健康长寿方法。理财也一样，如果想自己的财务健康，一生富足，实现财务自由，就必须正视自己的财务现状，树立正确的理财观，养成良好的理财习惯，掌握适合自己的理财方法，学习如何让钱为自己工作，才能享受快乐的人生。

为了能让年轻的白领朋友们过上富足的生活，我将自己多年来的所学所闻，积累沉淀的关于理财的点点滴滴，取其精华与大家分享，于是就有了这本书的出现。希望通过此书，能通俗易懂地教会大家所关心的和需要掌握的理财知识。

这本书能帮助刚出社会的年轻朋友了解财富与理财的本质，学习如何养成理财习惯，一步步变成理财达人，早日实现财务自由。如果你是已经工作多年的朋友，也同样可以重新来审视自己的理财观念、理财习惯与理财方法，必要地加以修正，不断完善自己的理财技能，早日实现理财致富的想法。

那些年，我们一起理过的财

有多少爱可以重来，电影《那些年，我们一起追的女孩》让我们再次追忆了那段渐行渐远的青春岁月，那份难以割舍的往日情怀，把所有人都带回到了那个只属于自己的青春年少。

借助这部电影，我联想到了我们童年和学生时期关于理财的回忆。在我们很小的时候，第一次接触钱、认识钱，你还记得是什么时候吗？是在我们开始拿到父母给的零用钱的时候吗，还是拿到自己第一份压岁钱的时候呢？你的第一份零花钱和压岁钱又是怎样使用的呢？有些人会拿零用钱去买零食，至于压岁钱，很多人会拿着去买新书包或者新鞋，还有一些人会拿去买书，有些人则交给父母代管，等长大以后再使用。俗话说"三岁定八十"，意思是三岁的时候就可以看出一个人的个性，而个性慢慢成了性格，正所谓性格决定命运。同样的道理，我们小时候对待金钱的态度与习惯，也会在很大程度上影响我们以后对待金钱的态度，甚至影响我们的理财习惯。

如果一个人在小的时候就把自己的零用钱花光，入不敷出，到了大学，还是把自己的生活费毫无计划地花掉，那么等他出来工作后，就会很容易变成月光族，因为习惯了大手大脚消费，从来不存钱，也没有任何理财的观念和习惯。相反，如果在很小的时候就会善用零花钱，像拿来买书或投资于自己的兴趣爱好，把自己的压岁钱又打理得很好，珍惜和节省每一分钱，把钱都花在刀刃上，这样，等进入社会工作有自己的收入后，一定也会很快积累到自己的财富，通过有效的理财方式，让自己过上一生不缺钱花的幸福生活。其实这也是一个人财商的体现，我们应该从小就培养和提高自己的财商，因为财商跟我们未来的幸福生活是紧密相关的。

那么，当我们告别大学时代，迈入职场环境，成为职场新人，有了自己的第一份工作、第一份收入之后，对个人意义重大的第一份薪水，你是如何处理的呢，你还记得吗？经常有人感叹：不论挣多少钱，总是不够花，总是不能满足。当我们手捧微薄的第一份工资时的心情，为何却那样欣喜、那样雀跃。你当年拿第一份工资时是什么心情？第一份工资拿来做什么了？是孝敬父母长辈，是请好朋友举杯分享，还是不声不响存进了银行，还是给女（男）朋友买礼物，或者购物花光痛快？网络上对"第一份工资"有一些普遍的说法。关于第一份工资是怎么来的：60、70后记忆犹新，80、90后讳莫如深；关于第一份工资是怎么没的：60、70后大都孝敬父母老人，80、90后大都满足了自己。究竟是怎样没的呢？有的人打算拿它来宴请亲朋好友，作为个人"经济独立"的一个纪念；有的人如数上交给父母，作为一份心意；有的人可能给自己或者家人购买了礼物；还有的人，或许工资还没过自己的手，就被银行作为信用卡还款直接从账上扣走了。

理财从何时开始最合适

如果你是职场新人，刚好拿到或者快要拿到自己的第一份收入，谋划着怎样处理，那么强烈建议你按照以下思路。

首先，要正确地消费。花钱需要记账，记录各项消费支出和收入。记账可以跟踪和改善某些资金的使用方式，进而提高对财富的管理能力。正确地把握好刚性消费和弹性消费的关系，好钢要用在刀刃上，大学里的"月光族"可能要接受苛刻的考验了。

其次，要合理地储蓄。角色转变了，没有一定的积蓄难以应付突发的意外情况。比如以后万一失业或者换工作，如果没有一定的储蓄，可能最后还是需要向家里要钱，最终还是摆脱不了经济独立。控制自己消费的同时，可制订储蓄计划。

最后，要理性地投资理财。最重要的是光知道存钱并不划算，小资源也要讲究优化配置。理财的第一步是积累，对于年轻人来说，养成量入为出的用钱习惯、强制自己储蓄很有必要，但光知道存钱储蓄并不划算。养成良好的理财习惯，理财并不需要多大的启动资金，但一定要有好的理财心态和投资意识，因此，理财应该从第一份收入开始。

目 录

第一部分　通往财务自由之路

第三部分　幸福人生的三大关键投资

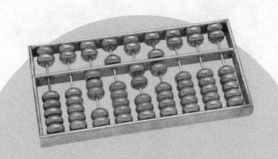

第一部分
通往财务自由之路

第1章
幸福生活从理财开始

年轻白领眼中的"理财"

每次去企业讲课，我都会首先问大家"什么是理财"。说到理财，可能每个人都有自己的见解。有人会觉得理财就是存钱，有人会觉得理财就是投资，还有人认为理财就是买股票、基金或者是保险。随着生活水平的提高和金融市场的不断发展，理财的方式也越来越多。在很久之前，存钱就是理财，它是中国老百姓最传统最保守的理财方式，大家都认为把钱放在银行就是一种不错的理财方式。在20世纪90年代初，银行存款利率出现过10%以上的情况，那是因为高通胀的出现。然后，股市在2006年和2007年出现牛市，股票和基金也因此呈现赚钱效应，股票的疯狂让老百姓进入全民炒股时代，2007年基金业绩的平均翻翻，又让不懂基金是何物的广大老百姓疯狂，所以，在很多人眼里，认为买股票或基金就是理财。最近两年，银行理财产品成为老百姓投资的新宠，也让很多人认为理财就是赚钱，理财就是投资。

那么，到底什么是理财，理财和投资是什么关系呢？理财和投资都有非常多的概念，我们就不拿出来一一解释和对比。用一种最简单的方式，就能清楚知道两者的区别及关系。我们不妨用数学公式来计算一下，理财是不是等于投资。

存钱、买股票、买基金、买保险等，都属于理财的一部分，存钱其实就是财富的积累，股票、基金就是财富的增长或增值，保险就是财富的保障。最近，国内在研究要不要推出遗产税，其实这就涉及财富的传承，也是理财的一部分。综上所述，理财=财富保障+财富积累+财富增长+财富传承。

投资，其实就是钱生钱，它属于财富增长，也就是说，投资=财富增长。很显然，两个公式并不相等。所以说，理财并不等于投资，理财的范围比投资更广，理财考虑得更广更全面，投资只是理财当中非常重要的一环。两者之间的区别：投资是钱生钱，考虑的是获得利润，而理财除了投资外，还包括合理安排收入与支出，以确保财务安全；投资的目的是获得利润，理财的目的是获得财务自由，让生活过得更美好。理财的终极目标就是财务自由，投资的最大目标是利润最大化。

说起投资，"买股票，买基金、买房子"已成为当今社会的共识。投资固然是理财，但理财的内涵又绝不仅限于"投资"这一个领域。真正成熟的理财是利用各种理财工具达成人生目标，这些目标包括购车、购房、出国、孩子教育、养老、身后财产安排等。因此，投资并不是最终目的，它只是理财中使用的手段和经历的过程。

通过将理财和投资公式化的对比，我们已经很清楚地知道它们的区别及关系了。在我讲课的过程当中，有一些白领会问我："买彩票算是理财吗？"我的回答是：如果你是长期持续地购买，而又不是抱着一夜暴富的心态，那么就算是理财；如果不是，就算不上。比如，中国体育彩票推出的足球彩票，很多球迷就是这样一种方式在购买，算是投资的一种方式，因此买彩票算不算是投资取决于你购买的心态和方式。

就理财而言，很多刚进入社会的年轻人会觉得理财是有钱人的事，现在无财可理，等有钱再说。对于有些人，他并不想了解什么是理财，为什么要理财——你只要告诉我买什么理财产品收益更高，或者直接告诉我如何理财就好了。很多人都会想了解理财的秘诀或致富的捷径到底是什么，这是他们更关心的。

其实，理财致富并没有捷径。首先是要正确认识财富，认识理财，拥有正确的理财观、金钱观；其次，养成良好的理财习惯；最后，掌握正确的理财方法。

很多年轻白领不理财，是因为他们眼中的"理财"大多是大金额的投资，起码得拿几万块炒股票、买基金等，而自己无财可理。其实，理财应该是从小钱开始的，学会开源节流和强制储蓄，同样是理财，大钱有大钱的理法，小钱有小钱的理法，年轻白领应该学会从理小财开始。理财是一生财务的管理与安排，是个长期甚至终生的过程，陪伴着人的一生。

✖ 百万富翁的致富秘密

在大众眼里，觉得能成为百万富翁的关键是其赚钱能力，而其出众的赚钱能力是因为他们比普通人更聪明，还有很多人会认为他们更加努力或更加节俭，还有些人会认为只是他们运气更加好而已。但事实上，富人之所以能够致富，其真正原因在于他们的理财习惯。

虽然不少人可以通过自身努力获得高收入，然而随着时间的推移，收入是越来越高了，但离富人是越来越远了，更别提财务自由了。所以靠高收入和努力工作来实现致富的思路完全是行不通的。

据美国国家经济研究局的一项调查显示，近20年来，欧美的大多数头奖得主在中奖后不到5年内因挥霍无度等原因变得穷困潦倒。该项调查同时显示，美国彩票中奖者的破产率每年高达75%，每年12名中奖者当中就有9名破产。归根结底，这些人破财是因为没有养成良好的理财习惯。那么，怎样的理财习惯才能成就真的富人呢？让我们来看看富人的理财习惯，解开其中的秘密。

李嘉诚。一次，李嘉诚上车前掏手绢擦脸，带出一块钱的硬币掉到车下。天下着雨，李嘉诚执意要从车下把钱捡起来。后来，还是旁边的侍者为他捡回了这一块钱，李嘉诚于是付给侍者100块的小费。他说：那一块钱如果不捡起来，被水冲走可能就浪费了；而这100块却不会被浪费。钱是社会创造出来的财富，不应被浪费。

郑周永。韩国首富，现代集团创办人郑周永虽腰缠万贯，却异常节俭简朴。他在创业时曾以"喝咖啡浪费外汇"为由，告诫部下要勤俭节约。20世纪80年代初，为了省下更换鞋底的费用，他给自己的鞋底钉上铁掌。至今，他仍穿着20世纪70年代穿过的工作服，家中用的电视机还是1998年生产的17英寸电视机。

林绍良。作为印尼首富，林绍良的资产总额已超过70亿美元，目前名下共有192家公司，分布在印尼及世界各地，涉及金融、地产、矿产、电子、航运等70多种行业。林绍良虽是商界巨贾，但从不炫耀富贵，处处精打细算，从不乱花一分钱，他的个人理财观是"钱要用在刀刃上"。

通过上面几个富人的故事，我们可以总结出富人的秘密之一就是爱惜每一分钱，节省每一分钱，用钱生钱作为一种习惯。习惯的力量是无穷的，好的习惯可以成就一个人，坏的习惯能毁掉一个人。

美国理财专家柯特·康宁汉有句名言："不能养成良好的理财习惯，即使拥有博士学位，也难以摆脱贫穷。"虽然养成好的理财习惯是个有些痛苦的过程，但这些习惯可以让你"有钱一辈子"。

美国学者托马斯·史丹利调查过上万名百万富翁，其中的84%都是从储蓄和省钱开始的，大约70%的富翁每周工作55个小时，仍然抽时间进行理财规划。这些富翁一年的生活花费占总财产的7%以下，即使没有工作收入、坐吃山空，平均也能撑过12年。百万富翁都要花时间进行理财规划，白领们怎么会忙到没时间审视自己的收入和支出呢？想要致富，就一定要挤出时间，尽早培养理财习惯。

好的习惯会成就一个人，而坏的习惯同样会毁掉一个人，在理财习惯尚未建立前，你得小心一些坏习惯。很多职场中人不但没有储蓄、存钱这些好习惯，反倒养成了拖欠信用卡债务的恶习，结果，人生不是从零开始，而是从负数开始。

所以，要想成为富人，首先就要把理财当成自己的一种习惯，养成爱惜钱、节省钱、用钱生钱的理财习惯。只要能将这个习惯坚持到底，财富大门就会向你敞开。

🎗 走出中国式理财误区

在树立正确的理财观念之前，先看看我们身边有多少理财的误区，在妨碍着我们走向理财致富之路。基于中国人的观念情况，出现了很多"中国式"理财误区，让我们一起来看看这些理财误区出现的原因，应该如何去正视及改变。

误区一：理财是有钱人的专利

理财，在很多人看来，这是有钱人的事情。其实这是不正确的，是一种错误的金钱观。

"我的工资这么低，怎么理财都不可能成为富翁。""我还年轻，30岁之后再考虑理财也不晚。"很多人会认为1000元太少了，没有理财的必要，100万才有理的必要。试问，如果连1000元都不重视、不能理好的人，给你100万能理财吗，答案是否定的。理财是一种习惯，是一种能力，需要从小钱开始，学会珍惜每一分钱，节省每一分钱，管好每一分钱，积少成多，持之以恒。成为百万富翁的关键，不是你能挣多少钱，而是你对待金钱的态度。理财应从第一笔小钱开始，尽早学会理财，这是非常重要的。

刘先生，24岁参加工作，工作后第二个月开始每月基金定投1000元，假定收益8%，60岁的时候拥有249万的投资收入。若30岁才开始每月定投1000元，60岁的时候拥有149万的投资收入，晚投资6年，相差100万元！

上面的例子说明，就算同样是小钱，采用的理财方式也相同，时间不同两者之间的差别是非常之大的，可见尽早理财对于年轻白领的重要性。二十几岁的投资理财观念，决定整个人生的质与量。

误区二：期望理财能一夜暴富

很多人会把理财等同于投资，期望通过短期的投资理财致富甚至发财，也许是听了太多关于股神、投资达人的发财故事了，期望自己也能通过这样的方式发财。先不讨论这些所谓的股神的故事真假如何，其实所有的投资都是风险收益成正比的，你希望获得高收益，就必然伴随着高风险，如果一味追求高收益，这跟赌博或者投机又有何区别呢？很多人在理财方面都想走捷径，期望一夜暴富。现在很多人炒股票的心态，都是抱着一夜暴富或者短期让财富实现翻番的想法，还有一些人会去炒黄金、外汇等期货，期待着自己能成为暴富的幸运儿，得到幸运女神的眷顾。其实，真正的理财并不是发财，而是通过合理的规划，实现财富长期稳健的复利增长。

所以，想通过理财致富，需要一种长期稳健的方式，利用复利的效果来实现。巴菲特说过，人生就像滚雪球，最重要的是发现很湿的雪和很长的坡。很湿的雪意味着不断找到能够带来回报的项目，很长的坡则意味着欲要欣赏到复利的无穷魅力必须先要征服时间这个魔鬼。而巴菲特本人也用价值投资的理念，在资本市场实现真正的滚雪球式的财富增长。理财是马拉松，不是短跑比赛。财富靠的是积少成多，以复利的方式实现财富增长，需要时间的积累。

误区三：随大众，盲目跟从

这是当今最大的理财误区之一，非常常见。心理学上有个"羊群效应"。在一群羊面前横放一根木棍，第一只羊跳了过去，第二只，第三只也会跟着跳过去。这时，把那根棍子撤走，后面的羊走到那里，仍然像前面的羊一样，向上跳一下，尽管拦路的棍子已经不在了，这就是所谓的"羊群效应"，也称"从众心理"。从众心理很容易导致盲从，而盲从往往也更容易让人陷入骗局或招致失败。

跟大家分享一个村长与鹦鹉的故事。

有一位第一次坐飞机出差的村长，在飞机上口渴了很久却没有水喝。这时候，他看到前排坐着一只鹦鹉，颐指气使地指挥空姐给它端茶倒水。

鹦鹉态度十分骄横，空姐却敢怒不敢言。村长心想：一只鹦鹉都可以如此，那咱好歹也是个村长，是个干部啊。于是，村长也以蛮横的态度指挥空姐端茶倒水。

终于，和气的空中小姐被这两位"大爷"激怒了，打开舱门把鹦鹉和村长一起扔了出去。村长正在无奈地坠落时，鹦鹉飞到村长耳边。鹦鹉问："你会飞吗？"村长摇摇头。鹦鹉怒斥："不会飞，还牛什么牛！"

这个故事让人捧腹大笑，然而它给我们的启发是什么呢？没有金刚钻就不要揽瓷器活，人贵有自知之明。不然，就会付出盲目效仿的代价。其实，在我们身边，类似村长这样的人又怎么会少呢！很多人开始有了理财意识之后，由于自身的经验和理财知识的匮乏，就会去看身边的同事或朋友如何理财，看到身边的朋友炒股票赚了钱，自己就会跟着去炒股票。在2007年，很多白领都效仿职业股民，辞去工作，全职在家炒股，在开始的牛市背景下，人人都轻松赚钱。事实上，任何投资都是有风险的。世上也没有只涨不跌的股市，股民在市场中颐指气使的时候，一定要先苦练一下"飞"的本领，否则一定会付出沉重代价的。炒股最重要的是要能控制风险，就像那只鹦鹉，虽然被"扔"出飞机，但是人家会"飞"，能平安降落。而可怜的村长，就没有任何控制风险、保护自己的能力了。

基金投资的情形也大抵相似，很多人发现有同事买基金赚了不少钱，也就跟着去买基金，这种情况在2006～2007年情况非常普遍，2006年底大家都看基金平均收益翻番，都排队去购买新基金，如果你是2007下半年去买基金，2008年就会让你亏得一塌糊涂。每当股票产生赚钱效应时，身边就会有很多人跟风去炒股票，殊不知每个人掌握的理财水平不一样，投资时机的区别、每个人承受风险的水平与控制风险的能力都是不同的。比方说，一个朋友通过炒股票赚了不少钱，你也跟着去炒，结果你亏了，原因就是你根本没有了解他买股票赚钱的真正原因，只知道他买股票赚了钱。我身边还有很多朋友和客户因为在2007年跟风买股票或基金，导致目前为止还是亏损状态。

"如果你想变富，你需要思考，独立思考而不是盲从他人。我认为，富人最大的一项资产就是他们的思考方式与别人不同。"罗伯特·清崎说过。随大众是人们的习惯，这种习惯永远不可能致富。因此，投资不能盲目跟风，要始终保持清醒的头脑，一定要找到合适自己的投资理财方式。

误区四：盲目迷信专家

投资和理财，绝对是一场场"智力大考验"，除了要和真假难辨的各种消息"搏斗"之外，还要有能拒绝专家"甜蜜诱惑"的定力。无论是股市、房市还是基金外汇，如果要投资，一定要自己有所接触，对于基本常识要有概念，对于坊间的各种投资建议，尤其是各种网络、报刊和电视上专家的高谈阔论，更要有甄别能力。理财专家由于可潜心研究各类理财市场，而且拥有较多的资源和工具，专业知识更为丰富；但对一般人而言，在购买保险和基金的时候，需要选择适合自己的专家建议，同时要对专家意见进行分析。尤其是要让专家解释清楚，他给你提供的投资建议，是否考虑到了你的具体情况，在什么样的条件下有效，尤其是什么地方有风险，什么情况下会有损失，等等。所谓知己知彼百战不殆。最好能够多问几个不同的专家，让不同的意见能够交锋，你也就能够慢慢分辨，哪种意见最合适自己了。

当然，不盲目相信专家也并不等于走向另一个极端，觉得专家都是骗钱的。这样完全是天马行空的投资，可能三两下就折戟沉沙了。吸取专家提供的基础信息和行业信息，理解其分析的逻辑，再从中找到最适合自己资金和风格的投资方案，才是上策。

因此，从上面几个理财误区可以看出，中国人还没有形成正确的金钱观与理财观。如果年轻的朋友想通过理财让自己过上更幸福快乐的生活，实现真正的财务自由，首先就应该避免存在错误的理财认识，树立正确的理财观。

理财是一种生活态度

态度决定一切，积极的人生态度成就积极的人生。理财也一样，若想通过理财获得成功的人生，就需要积极的生活态度。不同的生活态度导致不同人生结果，所以理财就是要树立一种积极的、着眼于未来的生活态度。

现在很多年轻白领的生活态度，就是活在当下，花明天的钱来享受今天的快乐，觉得这是一种时尚的生活态度、超前的消费观念。恰恰是这些观念和态度，养成不良的理财习惯，让自己变成了月光族，甚至是卡奴、房奴。这完全是一种消极的生活态度，是理财的大忌。

我身边有非常多的白领朋友，都是抱着"今朝有酒今朝醉"的思想过日子，直到某天遇到失业、大病或者需要花大钱的时候，方恨自己没有任何储蓄和保障。当然，还有一些白领朋友，觉悟得比较早，很早就有了存钱和理财的意识，却不懂如何去理好自己的财，然后，他们都会跑来问我，我到底该如何理财？

我觉得比"怎样去做"更为重要的是"为什么要做"。很多人会问我"如何理财"，以前我会告诉他们，但是慢慢地，我发现即使我告诉他们怎样去做以后，他们也往往不会去做。我意识到，对于一个人来说，"为什么要做"比"怎样去做"更为重要。

许多人不做他们力所能及的事情，因为他们没有足够强烈的"为什么要做"的想法。只有找到了这个"为什么"，就会很容易发现自己"怎样去做"的致富之路。很多人不从内心深处探寻"为什么"要致富，而是四处寻找致富捷径，其实所谓的致富捷径常常只会走进死胡同。

其实找到自己的"为什么要理财"，就是要找到自己的生活目标，找到并确立自己的生活目标，也是一种积极的生活态度的表现。比方说：什么时候存到自己的第一个一万元，作为自己最初的生活目标；紧接着，什么时候结婚，什么时候生小孩，什么时候买房买车，需要多少钱，自己什么时候准备好这笔钱，这是自己的下一个生活目标；还有，什么时候赚够人生所需的钱，或者实现财务自由这些终极生活目标。

目标到底有多重要，对我们人生有多大影响？我们可以来看哈佛大学一个非常著名的关于计划目标对人生影响的跟踪调查。

调查对象是一群智力、学历、环境等条件差不多的年轻人，调查结果发现：27%的人没有目标；60%的人目标模糊；10%的人有清晰但比较短期的目标；3%的人有清晰且长期的目标，并能把目标写下来，经常对照检查。25年的跟踪研究发现，他们的生活状况和分布现象十分有意思。那3%的人，25年来几乎不曾更改过自己的人生目标，朝着同一方向不懈地努力。25年后，他们几乎都成了社会各界的顶尖成功人士，他们中不乏白手创业者、行业领袖、社会精英。10%的人，大都生活在社会的中上层。他们的共同特点是，那些短期目标不断被达成，生活状态稳步上升，成为各行各业不可缺的专业人士，如：医生、律师、工程师、高级主管，等等。60%目标模糊的人，几乎都生活在社会的中下层面，他们能安稳地生活与工作，但都没有什么特别的成绩。剩下27%是那些25年来都没有目标的人群，他们几乎都生活在社会的最底层。他们的生活过得不如意，常常失业，靠社会救济，并且常常都在抱怨他人、抱怨社会。

可以看出，目标对人生具有巨大的导向作用，可以说，有什么样的目标就会有什么样的人生。同样，在理财方面，先想清楚自己为什么要理财，理财目标是什么。要有长远而具体清晰的目标，比如，我的理财目标是在10年内实现财务自由，赚取1000万，每年有50万以上的财富增长。只有这样，才能让自己在理财方面取得成功。我们看到身边在理财方面取得成功的朋友，都是具有长远而清晰的理财目标的，然后才能找到适合自己的而且有效的理财方式，并通过长期不断地努力，实现财务自由，过上幸福的财富人生。

所以，请读者朋友们在学习如何理财之前，先问问自己为什么要理财，自己如何看待理财、看待生活，有没有积极的人生态度和明确的生活目标，只有自己意识到了理财的重要性和必要性，才会改变自己的生活态度。因此，理财其实是一种积极的生活态度，只有拥有积极向上的生活态度、明确的生活目标，才会带来积极的生活状况。理财就是为自己的将来多一份规划，为以后的家庭多尽一份责任，让自己拥有幸福美好的人生，所以理财同样也是理自己的人生。

案例1

双职工家庭的子女教育，退休养老安排之路

戴先生，男，43岁，戴太太37岁。两人共同在一家工厂担任技术工人，湖北人，在潮州上班，家庭年收入12万，家庭年支出3万元左右，有社保，未购买任何商业保险，有购买银行理财产品5万元，国债3万元，基金定投4~5万元，存款10万元左右。女儿7岁；大儿子18岁，已经出来打工。

戴先生理财意识强，平时非常爱学习金融理财知识，通过互联网找到了我，想让我帮他合理安排未来的养老计划及子女教育准备，另外为家庭建立风险保障。由于平时工作繁忙，每次给我打电话都给我讲很多内容，希望我尽可能多地了解他的情况，给他做出适合他的理财方案。

　　经过深入沟通了解，我给戴先生做了相应财务诊断：投资理财意识强，家庭收入中等，结余率高，储蓄能力强，家庭保障不足，资产配置分散而保守，但明显跑不赢通胀；资产负债率低，流动性比率过高。戴先生对疾病、意外等风险认识到位，也清楚自己在家庭中所承担的责任，照顾小女儿获得更好的教育机会，帮助大儿子早日成家，并期望自己和妻子能顺利安享晚年。

　　针对戴先生家庭的情况，帮他理清了理财重点：首先，戴先生夫妇在工厂上班，面临工作时间长、强度大、工作环境不理想等因素，面临较大生病风险，所以，应该首先考虑家庭保障的安排。其次，女儿7岁，需要尽早为她准备一笔教育金，确保能让她获得更好的教育。儿子已出来工作，需要为其准备一笔结婚用的钱。最后，为夫妻俩的晚年退休生活提前规划，准备一笔数目不小的养老金。

　　在戴先生清楚自己的理财重点后，我具体给出了以下解决方案。

　　给戴先生及妻子配置一份重大疾病保险，附定期寿险，重大疾病基本保额为30万，寿险保额为50万，妻子基本保额20万，寿险20万，每年保费为1.7万元左右，缴20年。一般情况，保费控制在家庭年收入的10%～15%为宜。

　　针对教育金与养老金的需要，给他配置一个环球基金组合，定期转换，按每年投资5万，连续投资15年，预计能实现复利年化10%的回报。这样，在小孩16岁读高中时，可以每年提取2万，3年共提6万，另外有70万，让小孩可以在国内读完本科，再出国深造，完成研究生学位，如果小孩到时不考虑出国，可以作为小孩的结婚购房首付或创业启动资金。另外，夫妻俩从60岁退休时，开始每年提领10万，连续提领到80岁，21年共提领210万，这样，通过时间的复利增长，就用75万解决了286万的需要。

其他安排，用家庭6个月的花销，约2万元，购买银行理财产品，基金定投的钱赎回，作为上面安排的启动资金，另外剩余10万左右资金购买3年期国债，作为大儿子未来的结婚金。

案例总结

家庭保障是工薪家庭理财的第一步，就像金字塔的基石，当然，保险还需要选择合适的种类和足够的保额，保费要控制在合理的范围。戴先生的情况可以将子女教育金和养老金同步安排，如果不能，则需择其一先行安排。像戴先生这样的工薪阶层，只要能尽早规划，就能解决人生三大刚需财务安排：家庭保障，子女教育金及养老金。普通工薪层通过合理财务安排，一样能过上无忧生活。

第2章
理财VS赚钱谁更重要

　　年轻朋友出来工作几年后会发现一个现象：自己的一些同学，收入一直都不如自己的，经过几年之后发现，他们的生活竟然比自己过得更好，更早就买房买车了，这到底是怎么回事呢？给大家举个例子：小明毕业后，收入是3000，小华毕业后，收入是5000元，小明每个月存了1000元，小华存了2000元，两年之后，很明显，小华存的钱比小明存的多，但是后来小明的生活过得比小华要好。这样就引申出了一个问题，到底是赚钱重要，还是理财重要？赚钱，意思就是通过工作获得收入；理财就是让钱为你工作。

　　有些人会说当然是赚钱重要，但有些人又会说理财重要，其实当然是两样都重要。只是，赚钱是基础，理财是关键。

　　李嘉诚说过："一个人在30岁以前，所有的钱都要靠双手勤劳换来。20至30岁之间是努力赚钱和存钱的时候，30岁以后才是开始重视理财的时候。因为这时候赚钱已经不重要，而如何理财则显得比较重要。"

　　很多人误认为只要自己能赚很多钱，就可以确保过上幸福的人生，不用学理财也没关系。其实不然，我们可以看看全世界最赚钱的职业联盟NBA球星的情况。上个赛季NBA官方曾经做过一个统计，全联盟400余名球员平均年薪约为515万美元。515万美元是个什么概念呢？美国男性的平均年薪仅为4.3万美元，NBA球员的薪水是他们的119倍。但一个调查结果却出乎很多人的意料，2009年美国权威媒体《体育画报》曾做过一个调查，有六成左右的NBA球员会在退役或者球队停止支付年薪的5年内出现经济困难，甚至面临破产。艾佛森破产事件随后被澄清有锐步的终身合同，并不存在面临破产的问题，但经济情况不佳却是不争的事实。而像罗德曼、皮蓬、斯普雷维尔、安东尼沃克、肯尼安德森等一干球员就没有那么好运了。沃克曾在迈阿密热火队夺得总冠军戒指并用它偿还债务，作为其前队友，韦德遗憾地表示，那枚戒指远不止21500美元。2011年10月，NBA历史上最伟大二人组之一的皮蓬被曝花光了职业生涯赚来的1.2亿美元。破产，已经成为NBA球员乃至整个美国职业体育界需要直面的大问题。事实上，这些具备超强赚钱能力的NBA球星最终破产，主要原因就是：投资失败，导致资产明显缩水；天价离婚费导致财产直接减半；花钱如流水，最终导致破产。

前世界拳王泰森从20岁开始打拳，到40岁时挣了将近4亿美元，但他花钱无度，别墅有100多个房间，几十辆跑车，养老虎当宠物。结果到2004年底，他破产的时候还欠了国家税务局1000万美元。如果你不是含着金钥匙出生，享受应该是40岁以后的事。泰森这么会赚钱还出现破产，就是因为其理财能力太差导致的，因此不是能赚大钱的人就不需要理财，反而更需要好好理财。

巴菲特有句名言："一生能积累多少财富，不取决于能够赚多少钱，而取决于您如何投资理财，钱找钱胜过人找钱，要懂得钱为你工作，而不是你为钱工作。"因此，我们需要树立一个观念，就是在现实生活中，最重要的不是你挣了多少钱，而是你要留下多少钱以及留多久。有些人收入不少，但基本上月月光光，甚至用信用卡透支消费，这样的人永远积累不了财富。

而且，富人与穷人其中一个很关键的不同，就是收入来源的不同。据不完全统计，富人超过70%的收入都是来自于投资理财方面，只有不到30%来自于薪金收入；穷人恰恰相反，超过80%的收入都来源于薪金收入，只有不到20%的收入来自于投资理财。

其实，理财和赚钱就像人的两条腿，是相辅相成的关系，学会两条腿走路是非常关键的。年轻的时候，通过努力工作多赚钱，积累人生第一桶金，然后通过理财实现让钱为你工作，最终达成财务自由的人生。作为白领朋友，越早认识到理财的重要性，就越早通过理财获益，因此本书在很多方面都提倡要尽早思考清楚自己为什么要理财，然后做到尽早理财，有计划地去实现理财目标，实现财富人生也就水到渠成了。

✿ 理财与责任感

很多人会好奇，理财和责任会有什么关系呢？在我看来，理财能全面体现一个人的责任感。一个理财意识强的人，应该是责任感很强的人，为什么这么说呢？因为从理财的目标来看，主要是解决个人或家庭的保障，解决小孩的教育金问题，解决父母或自己的养老问题，让家人过上更好的生活，等等。因此，理财的开始，也是一个人体现责任感的开始，很多保险从业人员都会说一句话，保险就是责任、爱心。其实，某个程度来说，理财也是责任。

在我接触那么多的客户朋友中，发现一个现象，就是多数单身的年轻白领理财意识都不强，月光族现象明显，然而那些结婚的，都对理财更感兴趣，而其中最想学习理财知识的，就是那些家中有小孩的白领们。因为这个时候，他们已经有照顾孩子和家庭的责任了，责任感开始有了，理财意识也就自然加强了，所以理财其实也是责任的体现。

另外，在我跟白领朋友谈理财规划的时候，他们最关心的就是如何帮助他们做好教育金规划。这个也很容易理解，毕竟小孩都是每个家庭的中心，孩子的将来是自己最在乎的，现在努力工作，都是希望能为孩子提供最好的生活环境和教育机会。随着社会的竞争更加激烈，培养小孩需要更多的金钱和精力，所以大家也更早考虑小孩的教育规划问题了。

我接触的一些客户朋友，已经有了小孩，当我跟她们聊到未来子女教育问题时，她们表现出来的不重视让我始料未及。其实这就是责任心的一个体现，为了让小孩能接受到最好的教育而提前准备好教育金，本身就是父母对养育子女的一种责任体现。这些父母大都想着到时再看，有钱就安排好的教育，没钱就安排差一点的，那是以后的事，现在孩子还小，以后会不会出国读书，现在都没有想过。这些父母没有想过，现在提前去考虑，总比到那个时候再考虑来得更好，理财不就是要做到未雨绸缪吗？我常对那些父母们说，作为父母，一定要为自己小孩准备好高等教育金，至于他们到时会不会去读，那是小孩自己的选择，但不能说万一他们想出国读书，而我们又没有准备够相应的留学费用，越早准备越轻松。

与此同时，他们对家庭保障、养老规划这些方面却不太热衷，其实这些完全也是理财的重要部分，是责任的重要体现。如果连家庭保障都不能解决好，试问其他目标又如何能实现呢？这就好比建立在空中的楼阁一样，随时可能坍塌。关于保险的问题，在后面的章节会跟大家分享更多。另外，养老规划，很多年轻白领也基本不太重视，认为这离自己还非常遥远，或者把养老的重担寄托在国家身上，或者是抱着养儿防老的心态，其实，尽早做好养老规划，是对自己和小孩都负责任的表现，不能把自己养老的难题压在未来的小孩身上，这样做本身就不公平。

其实，责任感强的人更容易成就财富人生。很多成功的企业家都是带着强烈的责任感建立起伟大的公司，最终成就财富人生。像比尔·盖茨、乔布斯，都是带着改变人类生活、让人类生活更方便美好的使命感、责任感在努力奋斗。企业家都需要有社会责任，而实现社会责任的背后，需要强大的财富支持，他们很好地诠释了责任感与财富的关系，一个没有责任感的人，不会对自己、家庭、社会负责，就很难成就财富人生。

现在，很多年轻人消费观念超前，不重视理财，其实也是对自己不负责任的表现，他们这种只享受现在、不为将来打算的做法，都是非常不可取的。因此，理解清楚理财其实就是责任的全面体现，唯有那些清楚自己责任的人，才更容易成功，更可能实现自己的财富人生。

✄ 理财与幸福感

在最近，中央电视台关于"你幸福吗"这样一个调查，引起了社会热议。改革开放30年来，民众在拥有越来越多财富的同时，也开始重新思考金钱与幸福的关系这个老生常谈的话题。怎样才能做到财富与幸福兼备，做到幸福理财呢？这是一个值得每个人深思的问题。

"钱不是万恶之源，没钱才是万恶之源！"

"金钱买不到幸福。"

这两句话可以很好地代表多数人对金钱和幸福的关系的看法。在很多穷人眼里，认为钱是万恶之源，会让人变得贪婪，让人失去自我。而在很多富人眼里，又会认为没钱才是万恶之源，给社会带来各种犯罪，没钱注定没有幸福。

那么，到底什么是幸福呢？在中国古代，人们觉得幸福就是"福寿康宁"，儒家经典《尚书》将幸福归纳为"五福"：一曰寿，二曰富，三曰康宁，四曰美德，五曰善终。西方，公众认为幸福必须具备：高薪、已婚、年轻、健康、受过良好教育、有宗教信仰。而时下最流行的幸福诠释是："幸福就是猫吃鱼，狗吃肉，奥特曼打小怪兽。"

钱与幸福，到底是什么关系？到底多少钱才够幸福呢？

小时候，幸福可能就是一颗糖，一个小小的玩具。长大了，幸福可能就是能有时间做自己喜欢做的事，比如打篮球、旅游。进入社会以后，幸福可能就是拥有一份好的工作。慢慢地，会发现幸福的感觉越来越难找到了，住豪宅、买名牌、开名车，或许能让人愉悦，但却未必能让人幸福。身边很多朋友，都是赚的钱越来越多了，日子越来越好了，但伴随而来的，更多的是烦恼而非幸福感，也许是因为在赚钱越多的同时，在交际、娱乐、工作等方面的时间和精力需要投入更多，这样就会导致忙于赚钱而无暇享受生活。

因此，幸福与金钱确实有关，但关系不大。

在国内还有一个关于"快乐城市"的调查，结果成都以"美丽、休闲、物美价廉、压力小、民众生活质量最高"成为中国最快乐的城市，而经济最发达和富裕程度最高的北上广深并没有入榜。

由此可见，财富与幸福的关系并没那么简单。当贫穷威胁到生存，连温饱都成问题的时候，财富绝对可以带来幸福；但当进入小康社会后，财富对幸福感的边际效应就开始递减，此时财富增加所带来的幸福感增加就微乎其微了，有时候甚至于出现下降，现在社会上财富越多、烦恼越多的情况并不少见。

那到底赚多少钱才最幸福呢？更多的钱，能为幸福指数加分吗？

美国的调查结果是：金钱的确可以买到幸福，不过要买到这份幸福，年收入7.5万美元这个门槛之内，赚得越多，幸福感就越强，但一旦超过这个门槛，即时你赚1000万美元，幸福感也不会特别显著了。

金钱与幸福的关系如此复杂，如何处理金钱与幸福的关系，才能做到幸福理财呢？

其实，"幸福"的理财态度和方式，往往能让人离金钱更近。不同的理财心态决定着幸福指数的高低：那些在理财中急功近利，苛求一夜暴富的投资者，往往因理财目标未能达到心理预期而大失所望，陷入焦虑；而那些摆正理财心态，理财中有着切合实际的期望目标的投资者，往往能不受市场涨跌的波及，理财幸福指数更高。

真正的投资大师，往往都是幸福的，原因就是他们都有良好的心态，战胜了自己的欲望。像巴菲特和罗杰斯，无不生活得潇洒自如，做慈善，环球旅行，生活无比幸福。幸福不在于财富的多少，而在于财富的拥有者能否控制自己的欲望，不把自己的追求只放在金钱上。托尔斯泰说过：欲望越小，人生就越幸福。

因此，作为聪明的理财达人，就必须让自己在积累财富的同时也能积累幸福，练就幸福理财的功夫，在财富与幸福中找到一个平衡点，实现物质精神都富有！在我看来，做钱的主人而不是奴隶，通过有效配置家庭资产，做好人生规划和财务规划，保持积极乐观的生活态度，克制过度膨胀的欲望，实现真正的财务自由，就可以获得最大的幸福度。

成功=智商+情商+财商

成功有很多种公式，其中一种成功公式是：成功=智商+情商+财商。

智商，可以通俗地理解为智力，具体一般指数字、空间、逻辑、词汇、记忆等能力，部分体现在我们学生时期的学习能力，影响我们的学历水平。情商，又俗称情绪智力，主要指人在情绪、情感、意志、耐受挫折等方面的品质，体现在我们出来工作后，与人相处时的能力，影响我们的职场水平。而财商，是指一个人财务方面的智力，具体是正确认识与处理金钱及金钱规律的能力，主要体现我们创造处理金钱的能力，决定我们的财富水平，它被富人认为是实现成功人生的关键，已经被越来越多的人接受。因此，成功离不开这三种能力的有效结合，而财商是一个最必需而又最容易被人们忽视的能力。

财商是一种理财智慧。罗伯特·清崎说过："理财不是你赚了多少钱，而是你有多少钱，钱为你工作的努力程度，以及你的钱能维持几代。"虽然智商、情商与财商同等重要，但影响一个人的财富状况的，最重要的还是财商。财富能为人一生的幸福生活提供物质保障，而一个人的财富又来源于个人创造和处理金钱的能力，即财商。通过财商，我们就更容易看懂，为什么有些人有才华也很聪明，却并不富有，有些人智力平平，却富可敌国？其根本原因在于财商能力高低。因此，贫穷还是富有，取决于你的财商。

然而，财商是可以通过后天培养的，培养财商，有助于我们提升理财观念和理财能力。

提高财商，能让你一生富有。一笔钱可能让你立刻有钱，但不可能让你一生富有，财商不可能让你立刻有钱，但可能让你一生富有。只要能学会打理好手中的每一分钱，它们就会生钱，带给你更多的钱，你不会打理它们，它们就会被别的钱俘虏，变成别人的钱，而你如何守住它们，打理它们，就取决于你的财商。

我本人的财商启蒙，来自于罗伯特·清崎的"富爸爸系列丛书"，里面有非常多关于财商的新观念和相关的理财知识，让我清楚了什么是财务自由，现金流的重要性，资产与负债的区别，等等，这些都对我影响很大。所以，在此，我也推荐一些年轻的白领朋友，可以读读富爸爸的系列丛书，你可以从中学到非常重要而又简单的财商常识。

因此，年轻的白领们，应该通过理财不断地提高自己的财商，让自己更容易实现成功的财富人生，从而避免成为既有才华，又很努力工作，却不能实现财务自由，一直为钱而工作，变成钱的奴隶的人！让我们从现在就开始重视财商教育，提升财商水平，从而提升财富水平。在我去企业讲课时，我就非常注重财商教育，希望通过这些，能帮助白领朋友走出理财困境，早日实现财务自由。作为一个优秀的理财师，我一直把推广财商教育和投资理财教育作为自己的一份责任，通过不同形式的讲座和专业服务，让更多人提高财商和理财能力，从而改善生活，过上更幸福从容的生活，这当然需要非常多的理财从业人员一起来实现，理财改变人生，从培养财商开始！

财务自由

理财的终极目标就是实现财务自由。简单地说，所谓财务自由，就是你不用工作，理财收入也可以覆盖所有生活所需及支出的生活状态。在实现财务自由之前，我们都是在为钱工作，很难有自由的时间，只有让钱为我们努力工作，它们努力工作的程度和工作的时间长度，将决定我们财富的数量。只有通过这样的方式，才能让我们有更多的时间陪伴家人与朋友，做自己喜欢的事情。

"穷人为钱而工作，富人让钱为他工作。"最早接触到财务自由这个概念，是在我的大学时期，《富爸爸穷爸爸》的作者罗伯特·清崎在书中鼓励我们年轻人不要为钱而工作，要早日实现财务自由，让钱为我们工作，因为钱有四个脚，人只有两个脚，钱找钱胜过人找钱。罗伯特清崎批评了传统教育的缺陷，他说："之所以世界上大多数人为了财富奋斗终生而不可得，其主要原因在于他们都曾在各种学校中学习多年，却从未学习到如何理财的知识。其结果只知道为了钱拼命工作，却从不去思索如何让钱为他们工作。"

而罗伯特·清崎自己也很早就实现了财务自由，和妻子一起环游世界。因此，通过我自身的工作实践体会，通过理财，让钱为我们工作，真的比我们为钱而去工作轻松很多，也希望通过此书引导现在的年轻人，能尽早让钱为我们工作，实现财务自由，享受幸福人生。

在我去企业做培训的时候，也经常跟大家分享财务自由这个概念，对于很多年轻朋友，这还是个比较新的概念，以前都没有听过，听完之后，大部分人都表示非常向往这样的生活，就是可以睡觉睡到自然醒、数钱数到手抽筋的日子，不用再做自己不喜欢的工作。

哈佛大学的佛雷德·施韦德教授说："金钱不是最重要的，但我们仍然要对自己的钱袋子负责，这是一种成功的人生理念，也是一种成功的创富哲学。"金钱本身不是目的，目的是让人过得更好。人们一旦实现财务自由，就可以摆脱沦为金钱奴隶的命运。

如果我们想早点实现财务自由，就得不断提高我们的财商，即提高认识和驾驭金钱的能力。财商与你挣多少钱没有关系，财商是你能留住多少钱以及让这些钱为你工作多久的指标。随着年龄的增大，如果你的钱能够不断给你买回更多的自由、幸福、健康和人生选择的话，那么就意味着你的财商在增加，财务自由度也在增加。在现实生活中，很多人随着年龄的增长挣到的钱越来越多，但是钱给他们带来的自由却越来越少，同时他们的账单也越来越多，这样他们不得不更加辛苦地工作，进入一个恶性循环的过程。可是他们极少想到究竟为什么工作，也就是他们极少考虑工作的真正价值是什么。不具备财务智慧的人因为辛勤工作而牺牲家庭和个人的精神与生理健康，还有宝贵的自由。下面，我希望通过一个故事来分享财务自由的概念。

管道的故事

1801年，意大利中部的小山村。

有两位年轻人名叫柏波罗和布鲁诺，他们是堂兄弟，雄心勃勃，住在意大利的一个小村子里。

两位年轻人是最好的朋友。他们是大梦想者。他们不停地谈着，渴望有一天能通过某种方式，可以成为村里最富有的人。他们都很聪明而且很勤奋。他们想他们需要的只是机会。

一天，机会来了，村里决定雇两个人把附近河里的水运到村广场的水缸里去。这份工作交给了柏波罗和布鲁诺。两个人都抓起两只水桶奔向河边。一天结束后，他们把村广场的水缸都装满了。村里的长辈按每桶一分钱的价钱付钱给他们。

"我们的梦想实现了！"布鲁诺叫道："我们简直无法相信我们的好福气。"

但柏波罗不是非常确信。他的背又酸又痛，提那重重的大桶的手也起了泡。他害怕明天早上起来又要去工作。他发誓要想出更好的办法，将河里的水运到村子里去。

柏波罗，管道的建造者

"布鲁诺，我有一个计划。"第二天早上，当他们抓起水桶往河边奔时，柏波罗说："一天才几分钱的报酬，而要这样来回提水，干脆我们修一条管道将水从河里引到村里去吧。"

布鲁诺愣住了。"一条管道？谁听说过这样的事？"布鲁诺大声嚷嚷着，"柏波罗，我们有一份不错的工作。我一天可以提一百桶水。一分钱一桶，一天就是一元钱！我是富人了！一个星期后，我就可以买双新鞋。一个月后，我就可以买一头母牛。六个月后，我可以盖一间新房子。我们有全镇最好的工作。我们一周只需工作五天，每年两周的有薪假期。我们这辈子可以享受生活了！放弃你的管道吧！"

但柏波罗不是容易气馁的人。他耐心地向他最好的朋友解释这个计划。柏波罗将一部分白天的时间用来提桶运水，用另一部分时间以及周末来建造管道。他知道，在岩石般硬的土壤中挖一条管道是多么的艰难。因为他的薪酬是根据运水的桶数来支付的，他知道他的薪酬在开始的时候会降低。而且他也知道，要等一两年，他的管道才会产生可观的效益。但柏波罗相信他的梦想终会实现，于是他就去做了。

布鲁诺和其他村民开始嘲笑柏波罗，称他为"管道人柏波罗"。布鲁诺赚到比柏波罗多一倍的钱，炫耀他新买的东西。他买了一头驴，配上全新的皮鞍，拴在他新盖的二层楼旁。他买了亮闪闪的新衣服，在乡村饭店里吃可口的食物。村民们称他为布鲁诺先生。他坐在酒吧里，为人们买上几杯，人们为他所讲的笑话开怀大笑。

小小的行为等于巨大的结果

当布鲁诺晚间和周末睡在吊床上悠然自得时，柏波罗还在继续挖他的管道。头几个月，柏波罗的努力并没有多大进展。他工作很辛苦，比布鲁诺的工作更辛苦，因为柏波罗晚上和周末都在工作。

但柏波罗不断地提醒自己，明天梦想的实现是建造在今天的牺牲上面的。一天一天过去了，他继续挖，每次只是一英寸。

"一英寸、又一英寸成为一英尺。"他一边挥动斧子，打进岩石般硬的土壤中，一边重复着这句话。一英寸变成了一英尺，然后一英尺变成了十英尺，十英尺变成了一百英尺……

"短期的痛苦等到于长期的回报。"每天完成工作后，筋疲力尽的他跌跌撞撞地回到他简陋的小屋时，他这样提醒自己。他通过设定和达到每天的目标来衡量工作的成效。他知道，终有一天，回报将大大超出付出。

"目光盯在回报上。"每当他慢慢入睡，耳边尽是酒馆里村民的笑声时，他一遍遍地重复着这句话。

一天天，一月月过去了。有一天，柏波罗意识到他的管道完成了一半，这意味着他只需提桶走一半路程了！柏波罗把额外的时间用来建造管道。完工的日期终于越来越近了。

在他休息的时候，柏波罗看到他的朋友布鲁诺在费力地运水。布鲁诺比以前更加驼背。由于长期劳累，步伐也变慢了。布鲁诺很生气，闷闷不乐，为他自己一辈子运水而愤恨。

他开始花较少的时间在吊床上，却花很多的时间在酒吧里。当布鲁诺进来时，酒吧的顾客都窃窃私语："提桶人布鲁诺来了。"当镇上的醉汉模仿布鲁诺驼背的姿势和拖着脚走路的样子时，他们咯咯大笑。布鲁诺不再买酒给别人喝了，也不再讲笑话了。他宁愿独自坐在漆黑的角落里，被一大堆空瓶所包围。

最后，柏波罗的大日子终于来到了——管道完工了！村民们簇拥着来看水从管道中流入水槽里！现在村子源源不断地有新鲜水供应了。附近其他村子的人都搬到这个村来，村子顿时繁荣起来。

管道一完工，柏波罗不用再提水桶了。无论他是否工作，水源源不断地流入。他吃饭时，水在流入。他睡觉时，水在流入。当他周末去玩时，水在流入。流入村子的水越多，流入柏波罗口袋里的钱也越多。

管道人柏波罗的名气大了，人们称他为"奇迹创造者"。政客们称赞他有远见，恳请他竞选市长。但柏波罗明白他所完成的并不是奇迹，这只是一个很大、很大梦想的第一步。知道吗，柏波罗的计划大大超出了这个村庄。

柏波罗计划在全世界建造管道。

招募他的朋友帮忙

管道迫使布鲁诺失去了工作。看着他的朋友向酒吧老板讨免费的酒喝，柏波罗心里很难受。于是柏波罗安排了一次与布鲁诺的会面。

"布鲁诺，我来这里想请求你的帮助。"

布鲁诺挺起腰，眯着他那无神的眼睛，声音沙哑地说："别挖苦我了。"

"我不是来向你夸耀的。"柏波罗说："我是来向你提供一个很好的生意机会。建造第一条管道花了我两年的时间。但这两年里我学到了很多！我知道使用什么工具、在哪里挖空、如何排管。一路上我都做了笔记。我开发了一个系统，能让我们建造另一条管道，然后再下一条……

"我自己一年可以建一条管道。但这并不是利用我的时间的最好方式。我想做的是教你和其他人建造管道，然后你教其他人，然后他们再教其他人，直到管道铺满本地区的每一个村落，最后全世界的每一个村子都有管道。"

柏波罗继续说："我们只需从流进这些管道的水中赚取一点很小的比例。越多的水流进管道，就有越多的钱流进我们的口袋。我所建造的管道不是梦想的结束，而只是开始。"

布鲁诺终于明白这幅宏伟的蓝图。他笑了，向他的老朋友伸出了那粗糙的手。他们紧紧地握住了对方的手，像失散多年的老朋友那样式拥抱。

在提桶世界里的管道梦想

许多年过去了。柏波罗与布鲁诺已退休多年。他们遍布全球的管道生意每年把几百万收入打进他们的银行账户。当他们有时到全国各地旅游时，柏波罗和布鲁诺遇到了那些提水桶的年轻人。

这两个一起长大的朋友总是把车停下来，将自己的故事讲给年轻人听，帮助他们建立自己的管道。一些人愿意听，并且立即抓住了这个机会，开始做管道生意。但悲哀的是，大部分提桶者总是不耐烦地拒绝这个建造管道的念头。柏波罗和布鲁诺无数次听到相同的借口。

"我没有时间。"

"我朋友告诉我，我认识的一个朋友的朋友试图建造管道，但失败了。"

"只有那些很早加入的人才可以从管道那里赚到钱。"

"我这辈子一直都提水桶，我只想维持现状。"

"我知道在管道的骗局中亏了钱，我可不会。"

柏波罗和布鲁诺为许多缺乏远见的人而感到悲哀。但他们承认，他们生活在一个提桶的世界里，只有一小部分人敢做管道的梦。

你到底是要选择提水还是修管道呢？我们身边有很多人一辈子都在做提水工，区别只是换各种不同的水桶在提，从小的换成大的而已。他们害怕修管道所带来的麻烦或风险，从而选择最稳妥的提水桶方式。其实，最没有风险的选择就是最大的风险，他们再努力工作，赚再多的收入，也换不来财务安全与自由。赚很多钱并不等于财务自由，只有管道才能保证。财务自由的关键是采用管道建造的思维方式，然后把管道计划付诸行动！建造管道是创造真正的保障和财务自由的唯一途径。越早开始修管道，你将越早实现财务自由，过上幸福的人生。

IT精英男的创业与家庭责任的坚持之路

陈先生，32岁，IT精英，曾任腾讯技术人员，现已自己创业，妻子为人力资源主管，小孩8个月大，有社保，无购房压力，除去创业金外，有15万储蓄。

陈先生一直有创业的想法，但基于家庭责任而没有行动，他一直不想让家庭一起承受创业带来的巨大压力。在妻子的鼓励之下，他勇敢地走出了第一步，终于可以为自己的梦想与理想而奋斗了，但是家庭的责任还是让他有所担忧，于是找到了我，让我帮他做一下理财规划。

为了能让陈先生全身心投入到创业当中，我给他规划了家庭保障及小孩未来教育金的安排。创业是一个极度考验身心的长跑，创业初期往往容易透支身体，因此为自己准备一份健康险是非常必要的。另外为了让家人没有后顾之忧，一定额度的寿险也是非常必要的，就算有什么意外，能确保家庭未来10年生活不受影响。因此，保险不会改变你的生活，却能让你的生活不被改变！

8个月的女儿是陈先生最大的精神寄托，而创业是需要全身心投入的，为此，陈先生需要为女儿做好一份长远的理财规划，而这也是陈先生找到我做理财规划的初衷，在孩子还没有出生前就已经有这个想法。

最后我帮助陈先生做了一份完整的子女教育规划，实现方式是按环球基金定投的方式，未来能轻松解决小孩教育的资金问题，还有未来结婚及创业需要的钱，为小孩准备好一系列的资金需求，可以让陈先生没有后顾之忧，通过创业实现更好的生活，并为人生理想而奋斗！

两个月前见到陈先生，他告诉我说自己公司获得了天使投资，公司慢慢走上轨道了，也感谢我之前为他做的财务安排，让他清楚自己能投资的资金是多少，可以全身心投入放手一搏。创业的成功离不开自己的努力奋斗，还有太太的无条件支持，当然还有对于家庭责任的财务安排。创业很多时候就是选择一条不知道目的地的探险之路，因此需要提前为家人安排好足够的粮食，这样才能安心上路。

案例总结

创业很多时候是一种冒险，在冒险之前，如果能将家庭的责任提前安排好，是不是可以以更轻松的状态投入奋斗呢？陈先生经过合理的财务安排，能很好地兼顾家庭责任与创业梦想，其实，有时候鱼与熊掌可以兼得。

第3章
你不知道的CPI

CPI，又名消费者物价指数，用来表示我们通常所说的通货膨胀。

2008年新年愿望调查中，"物价不要再涨"高居榜首，成为公众最大的期望。伴随着涨价风潮，普通民众已经从自己的饭桌上切实感受到了CPI这一经济学名词。统计局2008年4月份公布的数据显示，3月份全国CPI已高达8.3%，CPI扶摇直上。2011年，CPI也一路高歌猛进，7月为6.5%，创下年内新高，贯穿全年的是"蒜你狠""姜你军""豆你玩"，猪肉、油价等与民生密切相关的价格也是连创新高，以至于连英文字母都不认识的老大妈也懂得讲CPI。"跑不赢刘翔，但一定要跑过CPI"，政府也把2011年的首要任务定为控制通胀，全民都在与CPI赛跑，跑赢CPI俨然成为财富图腾。

有研究认为，中国当前的通货膨胀是由经济高增长引起的。事实上，通货膨胀与经济高速增长是并存的。在1980年以来GDP增长率超过11%的年份里，通货膨胀都很严重，经济过热带来通货膨胀的可能性很大。换个角度看，中国从1978年到2009年长达32年间的时间里，GDP规模由3645.2亿元增长到33.54万亿元，增长了92倍。但同期国内的广义货币供应量，却增长了9000倍，因此，发生通货膨胀的根本原因之一就是巨量的超发货币，简单说就是过去30年，中国印了太多的钱。很明显，中国已经全面进入通货膨胀时代，未来5～10年，我们都必须面对通货膨胀的局面。其实，确切地说，从2008年之后美联储决定启动印大量的美元来解决经济危机的那天起，全球就已经进入了通货膨胀时代，我们将在未来很长一段时间都生活在通货膨胀的金融大环境，那么了解通货膨胀和掌握应对通货膨胀的方法就显得尤为重要。

通货膨胀的危害性，是我们国家在任何情况下都不能忽略的，而我们作为普通老百姓，也要非常清晰它对我们家庭生活和财富带来的危害，这样才能轻松度过通货膨胀危机时代，下面就让我们从这些方面一起来进一步了解。

生活中的小偷

说到通货膨胀的危害，其中最直接最明显的，就是对购买力的影响，即CPI越高，相同面额的钱的购买力就会下降，CPI就像活在我们身边的小偷，不知不觉偷走了我们的购买力。让我们来看看下面的例子就非常清楚了。

20世纪60年代，10元钱可以买青菜500斤，够吃一年，大米80斤，够吃两个月。80年代，10元钱可以买青菜100斤，够吃两个月，大米20斤，15天。今天，10元可以买多少东西呢？2斤青菜，3斤大米。所以，同样的10元钱，因为CPI一直上涨的缘故，购买力一直在下降。

对于很多家庭主妇来说，CPI到底是什么，并不能很清楚地知道，但是她们通过去菜市场买菜，就能深刻感受到物价涨的速度，因为她们对肉价、菜价都非常敏感，她们也很容易算出全家人一天的伙食费跟去年同期或上个月比，花费提高了多少。通胀会明显地提高我们的生活成本，以至于我们很多人都会惊叹"物价年年涨，工资却不见涨"，通胀很多时候就像一个小偷，潜伏在我们周围，让我们备感生活的压力。最近几年，随着通胀压力越来越大，大城市生活成本不断增加，很多人就开始考虑逃离大城市，选择生活成本更低的二线城市，这些白领朋友已经厌倦了一线大城市高房价、高物价的生活环境。我身边有些同事就是如此，经过几年的奋斗，感觉身心疲倦，就开始转向二线城市去发展和生活，其实这很大一部分是通胀在影响我们选择生活方式。

因此，通货膨胀对我们生活最直接的影响就是降低我们的生活质量，这种影响对收入偏低的个人更加明显。这就会出现，很多收入不高的老百姓，会因为通胀持续走高，而要勒紧裤腰带、咬紧牙关过日子才行。在穷人的世界里，衣食住行柴米油盐酱醋茶等日常开支占收入比重特别高，但同时规避通胀的渠道比较少。在我们国家，社会保障体系还不完善，大部分人还需攒钱养老，供子女上学，只能靠存钱来获得自我保障，而这些钱往往都是放在银行，除了银行利息外，也没有合适的投资渠道获得更高的收益。当银行利息低于通货膨胀率的时候，实际的利息是负的，这样钱就不停地在贬值。所以，通货膨胀对于穷人更不利，穷人更深刻地体会到通胀带来的痛楚。而富人，则拥有更多的策略，至于衣食住行方面的投入增加，对富人来说，根本不值一提。

❧ 隐形的财富杀手

在我看来，CPI就是财富的隐形杀手。物价飞涨就意味着财富缩水，每天都有一只手，不用经你同意就伸进你的钱包。你能感觉到钱在少，却看不到那只手的踪影，这就需要我们每一个人打好财富保卫战，做好财富保值工作。

改革开放初期的"万元户"和现在的百万富翁比，到底哪个更有钱？最近看到一条与通胀有关的微博，佛山市财政局局长说今日的30元只等于1978年的1元钱。此说法是以1978年为基数，中国财富增长了300倍，但中国货币投放已增长9000倍，也即当年的1块钱等于现在的30块钱。

让我们看看，根据统计过去30年平均通胀率5.6%来算，当年的100万，如今会变成多少？根据国家统计局2010年9月11日发布的8月份经济数据显示：8月份CPI同比上涨了3.5%，创下22个月以来新高。CPI越走越高，通胀如影随形，如果在1978年改革开放之初时拥有100万元，放到现在，只值当年的15万元。

可以看出，通胀会加速资产的缩水速度。没有人愿意看着自己的财富一点一点地缩水，所以资产因为跑不赢通胀而导致缩水的时候，很多人都开始承受钱袋子缩水带来的精神压力。另外，通胀也导致房产加速升值，从而带来贫富差距进一步加大。在这几年的房价上涨过程中，财富分化的故事不断在我们身边上演。自己和身边的朋友相比，有着相同的收入水平，相同的知识技能水平，然而却在几年内成了不同阶层的人，就因为别人买了一套房子，而自己没有买，买了房子的人一下子成了百万富翁，而没有买的还是一个普通的工薪阶层。因为这样的事情不断发生在我们身边，一直困扰着我们，让人精神压力倍增。

其实，通货膨胀不但会让我们的财富快速缩水，它还是一场财富再分配的游戏。通货膨胀之时，人们能真切地感觉到自己的财富在迅速缩水，转身看看周围的人，似乎每个人都和自己一样，咬紧牙关，艰难度日。然而，真实情况并非如此，如果财富是个恒量，那么博弈的结果也只能是此消彼长，有人赔就有人赚；如果财富在不断膨胀，那么博弈的结果更不会是"共同缩水"。通货膨胀当然属于后者，社会的财富总量在迅速增加，为什么大多数人的感觉却是自己赔了呢？

答案很简单，因为通货膨胀只是一种货币现象，有人有意无意地制造了物价的普遍上涨，物价普涨的背后，是一个隐蔽的圈钱游戏。正如凯恩斯所说，用通货膨胀的办法来进行财富转移，妙就妙在"一百万人中间，也未必能有一个人，看得出问题的根源"。

其实，每一次通货膨胀都是一个劫贫济富的过程，而劫贫济富的结果就是贫者越贫、富者越富。历史经验告诉我们，通胀最大的受益者是政府和富人。我们可以通过例子来说明：假设，通胀前，富人拥有两套各价值100万元的房产，穷人拥有5万元的存款，富人的财富相当于穷人的40倍，通胀时，单套房价涨至150万元，那么富人就拥有300万元的资产，而穷人依然是5万元的存款，富人的财富变为了穷人的60倍。当然，房价的上涨不完全是通胀的因素，但通胀往往都会带动房价上涨，这里举例只是为了说明通胀情况下对富人的不动产和穷人存款的不同影响。

对通货膨胀的认识与应对方法不同，导致目前国内的贫富差距在不断扩大，富人通过很好的投资理财，及时有效地应对了通货膨胀，而穷人却没有躲过它。随着时间的推移，贫富差距将会进一步加剧。中国青年报社会调查中心近日进行的一项调查显示，98.3%的人感觉和十年前相比，贫富差距变得更大了；84.6%的人认为，目前的这种贫富差距，已经让人不能接受。从国际公认的联合国确定的贫富差距警戒线看，我国基尼系数已经超过0.4警戒线，达到0.45甚至更高。当然，导致国内贫富差距的原因有很多，但在通货膨胀大环境下，不同的应对方法和态度就决定了它是否会进一步加剧。通常，富人能驾驭通货膨胀，借通货膨胀的大环境，做好相应的投资理财，而穷人和很多中产阶层，却被通货膨胀吞食自己来之不易的财富。

其实这些情况的发生，很大程度取决于我们面对通胀的态度与应对方式。有些人面对通胀只是不停地抱怨，而没有以正确的理财方式来应对，而另外一些人，对通胀形势有充分的认识与了解，做出了最正确的理财方式来应对，比如买房、投资股票或基金等。因此，真正懂理财的人，能充分认识通胀的危害及程度，做好相应的应对计划，这样，生活就不会被通胀所影响和改变，而我们理财的基本目的，就是让资产跑赢通胀。

储蓄等于慢性自杀

在前面的文章中，我们已经清楚通货膨胀对我们生活和财富的影响了。然而很多老百姓，特别是年纪大的长辈，还是非常喜欢把积蓄存在银行。世行高级副行长、首席经济学家林毅夫一针见血地指出："穷人把钱存入银行，实际上是补贴富人。"成都的汤玉莲婆婆就用活生生的事例解读了林毅夫的话。

1977年汤婆婆在银行里存了当时可以买下一套房子的400元钱，一忘就是33年。33年后，这400元存款产生了438.18元的利息，扣除中间几年需要征收的利息税2.36元，汤婆婆连本带息仅可取出835.82元。此事遂在网上引起热议。

汤玉莲婆婆的400元在1977年确实是一笔"巨款"了。"当时全国人均存款只有20元。"有媒体访问中山大学岭南学院金融系教授王燕鸣，他说："1977年一个普通工人的工资是36元。"也有网友说："1977年一个大学生一个月的伙食费15元足够了。400元相当于大学生两年的伙食费。"也有媒体报道，当时这400元，足够买一套房子。

根据当时的物价水平来计算，汤婆婆当年可以用这笔钱买400斤猪肉，1818斤面粉，727盒中华香烟或者50瓶茅台酒。但按现在的物价来计算，835.82元仅可买420斤面粉，69斤猪肉，40盒中华香烟或者1瓶茅台酒。

不算不知道，一算真是吓一跳。为何在银行存了33年的钱只有这么少的利息呢？回想20世纪90年代，银行利率随通货膨胀率浮动，加上当时的价格补贴，利率一度曾超过20%，是不是银行计算有误呢？

王燕鸣教授解释说："当时银行还没有现在转存、定投等服务，汤婆婆的本金过了定期时间之后，其余就都按照活期利率来计算，所以利息不高。"

也许，在很多老百姓眼里，CPI上涨6.5%，已经觉得很高了，其实在过去改革开放的30多年里，高通胀一直伴随着我们，根据统计局官方统计数据，过去30年平均通胀率就达5.6%，而其中最严重的一次通胀发生在1993～1995年间，1993年国内通胀率为13.2%，1994年更是达到惊人的21.7%，于是有了1993年底，银行1年期存款利率上调为10.98%的罕见情形。这轮通货膨胀给那个年代的人们留下了很深刻的痛苦记忆。

其实，"在经济高速增长的时期，钱存在银行里往往赶不上物价上涨。劳动力成本的上升，资源的价格重估等因素都预示着物价仍会提高，这个过程是正常的，随着经济的发展，人民收入和物价都会有提高。"王燕鸣表示："一个经济高速增长的社会，财富的重新分配是一个明显的过程，所以如何规划自己的财富显得特别重要。"

因此，通过这个案例，我们可以清楚地知道，储蓄实际上等于慢性自杀。因为，它实在难以跑赢通胀，时间越长，它会让你的财富迅速缩水。我们不能把太多的闲钱放在银行，应该通过合理的规划，放到可以有效增值的地方。很多理财保守的人，特别是老一辈的人，都会把很多钱存在银行，认为只有存在银行才安全，在以前，甚至有些人会把一沓沓的钱藏在床底下。其实，这种貌似最安全的做法，就是最不安全的做法，因为它躲不过通胀这个小偷。由于通胀的存在，储蓄经常是跑不赢通胀的，从而出现负利率的状况，这就使储蓄变成了一种亏损投资行为。其实，在通胀大环境下，负债也是一种高明的财富增值手段，借别人的资金去增加自己的财富，并以此对冲物价上涨带来的财富缩水。对于很多老百姓来说，借钱一直都是自己最不愿意做的事情，然而，对于一些富人来说，他们都非常愿意通过向银行贷款来进行各种投资，从而促进财富增长。在通胀面前，我们不能一味把钱存入银行，而是可以选择向银行贷款。

社会在变，经济形势在变，所以你的理财观念和方式也应该随之改变。现在越来越流行理财的观念，但是依然有很多人不注重理财，甚至不知道自己为何要理财，成为名副其实的"月光族"。这些月光族因为平时养成了大手大脚的花钱习惯，一旦通胀严重起来，他们的生活就会受很多影响，就会不可避免地成为负债一族。

所以，年轻的白领一定要学会理财，首先学会强制储蓄，等有了一定的储蓄，就不能把它留在银行里，应该把它投资到能跑赢通胀的地方，比如像股票、基金、黄金等都是可以的。对于一般的白领，选择基金定投就是最好的选择，既能做到强制储蓄作用，又能轻松跑赢通胀，实现复利滚存，更多关于基金定投的内容会在后面跟大家分享。

因此，面对未来长期通胀的可能性，我们不必惊慌。只要你调整好自己的生活方式和理财方式，就能让财富不降反升。面对高通胀的大环境，储蓄就等于慢性自杀，让辛苦赚来的血汗钱迅速缩水。其实能跑赢通胀的理财工具非常多，像股票、基金、信托、房产等等，都是比较容易跑赢通胀的理财工具。

案例3

善于投资的国企中层干部的幸福理财之路

程先生，31岁，国企中层干部，妻子是行政主管，小孩2岁，有社保，企业有团体保险，自住房产一套，投资房产1套，目前用于出租，家庭工薪收入20万，租金年收入4万，家庭基本年支出6万，银行理财产品10万，购买了数只基金。

通过财务诊断可以发现：程先生属于典型的三口之家，收入中等水平，家庭支出适中，结余率比较高，储蓄能力较强，房产投资意识突出，整体保障不足，家庭资产增值有限。

对于程先生来说，理财的重点应该如下。

首先，加强家庭保障，虽然已有社保及团体保险，但仍需补充商业保险。因为团体保险是属于企业的福利，一旦离开公司，将得不到相应的保障。一开始，由于程太太对保险并不是非常认可，认为社保和公司团体险已经足够了，而程先生则认为补充商业保险是非常必要的。经过分析，程先生的保险需求，目前的社保和团体险并没有完全覆盖。另外，健康意外等风险保障，对于程先生家庭来说，是长期需要的，而公司的团体保险，一旦离开了公司，将会出现空窗期，这是对程先生非常不利的。陈先生有考虑更好的发展，有可能会更换工作或自己创业，另外，陈先生有房产贷款80万，贷款20年，因此此期间的责任更重，需要更高额的寿险来应对。因此，一份终身的重大疾病保险、定期寿险、意外险将是必不可少的。

其次，程先生需要为女儿做好子女教育金规划，确保女儿未来能获得良好的教育。程先生期望未来能安排小孩出国读本科与研究生，需要准备的高等教育金数额较大，因此我帮他做了一份环球基金定投的方案，让资产增值能实现10%的复利，过去2年基本实现了超过10%的回报。

最后，进一步帮程先生优化家庭资产配置，比如减少放在银行的应急备用金，留3~6个月足够，把之前的散乱的基金，配置成增强型债券基金或银行理财产品即可，因为我已经帮他构建了环球基金投资组合了，没必要重复。

案例总结

有针对性的补充商业保险，是理财必不可少的部分。像陈先生，作为家庭经济支柱，补充一份终身疾病保险与一份定期寿险是完全需要的，确保能从容应对人身风险带来的财务风险。

第4章
成功告别"月光族"法则

根据2011年关于白领的一份调查结果显示：目前白领人群中，有75%属于"月光族"。非常可怕的一个调查结果，事实上，月光族真的是非常普遍的现象。所谓白领，就是每个月拿到工资，一下就花出去用完了，也就是"白领了"。说到"月光族"，大家都会认为主要原因是生活成本太高造成的，收入太低根本无法不月光。其实从内在的原因可以将"月光族"分为"被动型月光"和"主动型月光"。如果想要成功告别"月光族"，就得了解自己属于哪一类，找出根本原因，对症下药才能实现，开源节流是关键。

所谓"被动型月光"，主要是指低收入人群，特别是新入职的人群，本来赚钱就不多，又不会理财，赚的钱都花光了，基本上属于月光族。在一家私企做行政的吴先生每天都忙得四脚朝天，采购、行政，其他琐碎事情一律由他负责，每月那几千元薪水，没发工资多久就花光了，不要提买房，日常生活似乎都难以维持，他感觉自己"越忙越穷"，属于典型的月光族。和他相似的一位在外企工作的刘小姐，每月工资5000元。看起来不算多，她单身，每月房租、吃饭、交通等生活费用其实最多也就是3000多元，每月怎么也能省下1000元。可是她没有储蓄和理财的观念，每月的钱几乎花得一分都不剩。工作3年后她发现，同学、同事都或多或少有点存款，自己却是穷光蛋，想结婚、买房根本没钱，才开始着急。这类人群的理财问题不是完全出在消费上，而是出在收入上。他们理财的重点应该放在开源，即提高收入上，这类"月光"危险不大，随着收入的提高，会逐步摆脱"月光"困境。

另一类"主动型月光"族，是属于高收入无规划型，他们是高收入、高消费、高学历人群，在职场上有相当强的竞争力，主要是指广告、公关、媒体这种特别苦的行业的某些从业人员。他们的收入并不低，但是每天都特别忙，没有时间给自己做规划，甚至没时间仔细想想自己在做什么。五六年之后，他们就开始出现职业倦怠，感觉自己的收入没太大变化，好像也没攒下多少钱，工作也总是在原地踏步。这类人群，想要摆脱"月光"状态，关键是要做好规划，包括理财规划、职业规划，乃至人生规划。他们将每个月的收入全部花光是因为他们喜欢这样的生活方式，追求时尚的生活和超前的消费观念，觉得活在当下、享受现在更为重要，他们将"月光"状况归结为收入不够高，认为只要能够挣到更多的钱就可以解决问题，但问题是工资不断在提高，"月光"却依然。这是因为消费是一种习惯和生活态度，要在短时间内改变是非常困难的，除非突如其来的重大改变。我认识一个熟人，26岁的女白领，在外企上班，月收入6000元，未婚。她的消费观念前卫，她认为会花钱才会赚钱，而且现在还年轻，享受现在最重要，只要是自己喜欢的物品，一点都不吝啬花钱，平常买衣服、化妆品什么的从不算计，由于受金融危机冲击，突如其来的裁员，虽然得到了3个月薪水的赔偿，但从来都没有想过失业的她突然醒悟了，下定决心告别"月光族"，用积极的理财来让未来生活更有保障。

记账和预算两手抓

大家都知道告别"月光族"的关键是开源节流，但是，就开源和节流相比，开源是不可控的，具有很多不确定因素，需要良好的职业生涯规划来实现。相反节流却可控，只要你有节流意识并付之行动，就一定会有效果。节流，其实就是控制不必要的消费，养成合理消费的习惯，那么如何才能做到呢？记账和预算就是其中的关键所在。

毛主席的账本

说到记账，很多人会觉得没有必要或者太麻烦了，还有人会说太忙了，没有时间记账。抱着这样的心态，结果就会出现很多不必要、不合理的消费，导致"月光"困境。可能很多人都不知道，我们日理万机的毛主席，都坚持每天记账，大家还可以在毛主席的纪念馆看到当年的人工记账本，难道我们比毛主席还忙不成？所以，再忙都不能成为不去记账的借口。何况，今天的记账方式已经越来越多样化，不再像过去那么烦琐枯燥地去记账，通过手机、网络都能非常方便地记账，现在网上能非常容易地找到各种记账软件，只要有心记账，年轻白领们可以让记账变成一种乐趣。

美国理财专家柯特·康宁汉有句名言："不能养成良好的理财习惯，即使拥有博士学位，也难以摆脱贫穷。"记账就是一种看似琐碎，却对理财有大益的好习惯，它能帮你每个月省下不少的开销，让你把钱投入为未来幸福而理财的计划当中。

虽然养成好的记账习惯可能是个痛苦的过程，但这习惯却可以让你"有钱一辈子"。记账可以让你发现自己是不是花掉了不该花的钱，还可以让你知道每个月手头的钱流向了哪里，使它们不至于流失于无形，甚至还可以让你认识那个镜子里没有的自己，因为你也许"言行不一致"，以为自己不会花费的事项，却时有支出，记账可以让你做到心中有数。下面跟大家分享我身边的一个真实故事。

在外企工作的吴小姐一开始也是瞧不起记账的，她总觉得那只是在记小钱、弄小钱、操心小钱。她个人收入不低，但从来不记账，反而觉得那是一种潇洒，是典型的"月光"一族。随着岁月的积累，她才发现事情不是这样的，身边不少女性朋友都在记账，而且个个都目标明确，这才让她觉得记账并不等同于"斤斤计较"，这种观点是对记账的学问太模糊而产生的误解。

在身边圈子的慢慢影响之下，吴小姐也开始记账了，当她记了半年以上的账对家庭财务情况能进行全面的整理后，发现以前筹划的"2年要存足3万""3年要存足10万块买车"这些目标还有多远心里很清楚。根据自身情况，她对每个月的财务安排做出相应的调整，这样就能做到重新合理地分配有限的资源，朝着既定目标逐步实现。

久而久之，吴小姐发现自己的盲目消费和冲动消费越来越少了，随着收入的不断提高，控制合理的支出，自己的生活品质也在不断提高，实现财务自由的目标也不再遥远了。

其实每个月的记账，并不完全是重复琐碎的工作，而是为每个时间段监控提供数据依据，这样才能够在家庭账务上做大事，做平衡和资产的配置。因此每一月和每一年的数据都是家庭理财最佳决定的理由。记账最直接的作用就是使家庭每月节余不少"不必要"的支出，改变家庭成员的理财观念，学会对资金控制的方法。让你尽早拥有可以理财让"钱生钱"的"第一桶金"。没有钱，一切计划都只是奢谈而已，往往我们更容易成为卡奴或房奴，成为账单的奴隶。如果你不想这样，就一定不要放弃。心中有数是个很难达到的目标，但它也是一切行为的根由，如果你记了账，你就离这个目标越来越近了。

记账只是起步，是为了更好地做预算。由于家庭收入基本固定，因此预算主要就是做好支出预算。支出预算又分为可控制预算和不可控制预算，诸如房租、基本生活开支费用等都是不可控制预算。每月的家用、交际、交通等费用则是可控的，要对这些支出好好筹划，有计划地合理花钱，使每月可用于投资理财的结余稳定在同一水平，这样才能更快捷高效地实现理财目标。

有些白领朋友做了记账和预算，但是就是没有很好的效果，那是因为预算做得不合理，导致预算无法兑现，所以做预算的过程需要结合自身的实际情况，不能定得太松或太紧，需要仔细研究自己之前半年的账目情况，对支出项目有充分全面的了解。

做预算又可以分为编制预算和执行预算两部分，制订个人预算的过程并不复杂，整体而言可以四个步骤：计算收入总和——制订支出计划——计算预算差额——根据预算差额削减开支。

步骤1：计算收入总和

要制订好月度预算，第一步自然是算清个人或家庭的可支配稳定收入。如果你是月薪族，则月度收入为每月工资，假设你并非按月拿薪水，则可考虑将自己全年预计收入除以12。除了上述情况外，假设有利息、租金或其他来钱的门道，最后也全部加进你的收入中来。

步骤2：制订支出计划

与收入相对应的自然就是支出计划了。计算支出预算首先从分类开始。你需要详细列出计划在不同开支项目中将分别花费多少钱，主要依据你目前的需要和未来的计划。如果你之前已经把日常开支都详细记录下来，那在做各项开支的预算决定时将会心中有数。从实际角度讲，多数人都有自己的储蓄计划或者基金定投，因此我们可以把储蓄跟基金定投也作为固定开支之一。

步骤3：计算预算差额

做好月度预算后，大家应准确地记录自己在一个月中的实际收入与开支，然后在每个预算制定日之前先计算清楚你上个月的"预算差额"——即每月你的预算开支与实际支出的差额。

步骤4：根据预算差额削减开支

假设你发现自己的预算支出跟实际支出完全相符，恭喜你，你成功实现了自己的财务计划。假设你发现自己出现入不敷出的时候，这个时候就要严格执行财务纪律，在下次的月度预算中削减开支，弥补亏空了。有些支出无法削减，如房贷、房租等，但是大部分的支出还是有弹性的，最常见就是吃喝玩乐的项目。比方说根据预算情况，你这个月外出吃饭的次数要控制在3次以下，在淘宝上买衣服的开支要降到300元以下等。

做好编制预算之后，就是需要很好地执行预算，下面分享一个执行预算的小贴士。

多信封法：将收入分成很多部分的现金，根据每项支出的预算，比如吃饭费用500元，娱乐费用400元，买衣服300元等等，分别装进不同信封，包括储蓄信封和衣食住行娱乐费用信封，单项费用超支就需要从其他费用信封中支出，直至养成习惯，不用储蓄信封为止。

最后需要说的是，做预算只是成功理财的一个步骤，根据所做预算，我们还可以继续划出自己的"必要开支""可有可无"开支和"不该发生"的开支。对于必要开支心中有数了，以后就能分出部分收入作储蓄或投资；"可有可无"的开支尽量减少，最重要的坚决杜绝"不该发生"的开支。如此坚持下去，逐渐增加的余钱将是最好的回报。

✿ 两种"公式"两种人生

前面我们说过,月光族有两种,主动型和被动型,被动型的危害不大,随着收入提高会逐步改善,但是两种都需要注意一个问题。让我们来看看两个公式:

收入-支出=储蓄;收入-储蓄=支出。

认真观察两个公式,不难发现其中的区别,就是前面的公式是先考虑支出再考虑储蓄,而后面的公式是先考虑储蓄再考虑支出。公式的小不同,却是思维方式的大不同,两种公式,两种人生。两种公式代表两种思维方式,导致两种理财习惯,最终产生两种人生!这就是为什么很多朋友越忙越穷,成为"月光族"的根本原因。

我们绝大多数的"月光族"基本上思维方式都属于第一种,他们都会想,刚出社会不久,现在收入低才会成为"月光族",等收入提高了,从3000元工资涨到5000元,就不会"月光"了;然后到了实现5000元工资的时候,还是"月光族",这时就会同样地想,如果工资涨到8000元和10000元的时候,就可以摆脱"月光"了。事实上,真等工资涨到10000元了,他们当中很多还会依然是"月光族",因为随着她们收入的提高,支出也一样在提高,而人的消费欲望是无止境的。现在是一个充满消费诱惑的世界,年轻的白领很难摆脱各种消费诱惑,因此今天想要买手机,明天买电脑,后天买汽车。我身边就有一个这样的真实案例,一个朋友姓李,刚毕业的时候工资3000元，基本是每月花光，工作两年后，工资涨到了5000多元，我告诉他，应该开始为自己存钱了，为以后理财打基础，然而，他告诉我"现在钱不够花，等以后工资再高点的时候再开始存"，结果到后来工资涨到8000多元的时候，还是一样成为月光族、穷忙族，他没有考虑到，其实各种支出会跟随着收入一并提高。

让我们一起来看看支出。支出分两类，即需要的消费和想要的消费。需要的消费就是我们生活中必须要的物品，我们生存需要的东西还是有限的，另外一部分就是想要的消费，而想要的部分，是无边际的，我们每个人在不同的阶段都会想要买这个买那个，而事实上，这些都不是我们需要的。举个例子，一个外企上班的女孩子，长期待在办公室，感觉身体长期处于亚健康，想通过跑步来改变身体状况。有一次去商场逛街，看见一个跑步机的推广活动，然后就一时冲动，刷卡买了回家。然后两个月下来，就只使用了三次。这就是典型的冲动消费，买的东西是想要的，并非需要的。像这样的例子，身边多不胜数，现在很多年轻白领甚至用信用卡来满足自己的各种消费欲望，一切想要的都先通过信用卡透支，然后等工资发下来再来偿还，有些还开办多张信用卡来互相使用，这样长期恶性循环，以债还债，就成了我们常见的"卡奴"一族。

下面分享一个杂志社白领朋友的实际案例，如何告别月光族。

周峰，26岁，居住地北京。

职业是网络编辑，月收入（税前）5000～7000元。

特性：冲动消费，工资一直在还信用卡，从未被"积攒"。

周峰工作4年了，但他的积蓄仍然几乎为零。

他换过三次工作。现在工作稳定，薪资也逐渐上调，只是每次工资到手，大部分得用于还信用卡。

上个月他网购了一台6000元的笔记本电脑，一个月的工资就此出清，不过好在他选择了信用卡分期6个月付款。"其实性价比不算高，他看中自己喜欢的牌子和拥有较长的待机时间，买回来发现显卡都是集成的。"周峰的女朋友觉得他的这笔消费谈不上划算。

周峰容易冲动消费。抽屉里有各种样式的电子产品，哦，还有瑞士军刀。"看到就想买回去，好多基本没用过就又添新的样式了。"

他习惯网购，喜欢看书，在网上瞎逛时，遇到想读的书，手一滑就加入了购物车，可现实是另一回事，很多书他买回家后再也没翻开过。他喜欢音乐。和朋友一起组乐队玩，家里CD也买了许多，可常听的就那么几盘。花在音乐上的钱，每月也有好几百元。

和这个年龄的人一样，他有一群常常在一起聚会的朋友。他们谈天说地，轮流做东吃饭。这些事落到财务上总会很现实，轮到他的时候也会一次性支出1000元左右。另一个需要财务来买单的现实是，他在家收养了两只流浪猫一只流浪狗，每月购买食物和洗澡护理等需支出200元。

他有两张信用卡，一张额度5000元，一张额度2万元，最高一个账单日内刷到过1.1万元。今年过年前信用卡欠款终于还清，他如释重负。他渐渐觉得自己该存点钱。2个月过去了，他存下了3000元。他希望不必改太多基本生活习惯，也能有越来越好的生活。

他想利用业余时间读在职研究生，每年学费等支出在2.5万元左右，不知道怎样积累出深造资金。

周峰已经有了限制消费和结余资金的意识，这是告别月光必需的改变。他目前关键是开源节流，进行强制储蓄，然后进一步考虑保障计划和投资计划。以下是针对他的理财建议。

记账后要梳理并做预算，控制冲动消费

纯粹记录消费的方法当然不能帮助结余，但记录的目的是为了梳理开销流向，帮助判断哪些是必要消费，从而拟定新的预算目标来控制消费。比如房租、水电、交通、通信等必要支出可固定出来，而其他购物娱乐就有很大的节省空间。现在团购方式非常普遍，可以通过这种方式减少聚会的支出。

消费要三思，物尽其用。对必需品可通过网购淘性价比高的来购买，比如笔记本电脑现在4000元左右就有不错的配置。适当的时候也可以利用好信用卡的50天免息期，但是对于自制力不强的，还是建议选择额度稍小的信用卡。

经过这样的努力，以后每月结余争取稳定为2000元左右，支出按4000元的预算来进行，严格执行先存款后消费的方式，将思维观念从"收入-支出=储蓄"改为"收入-储蓄=支出"。随着工作经验的累积，如果1年后收入可以提高到7000元，结余可以变成3000元。

趁年轻，用年终奖金配置保险

保障也是理财的重要一环，周峰除社保外没有其他任何商业保险，建议用年终奖为自己买一份重大疾病保险。而且，年纪越小，费用越低，对月光一族还有强制储蓄的作用。目前市场上的大病险一般附加于终身寿险之上，周峰现处于青壮年时期，可选择保额为20万元、缴费期20年的险种，每年只需缴费5000元左右。如无特殊情况，建议不要提取红利，应积累复利生息，用来抵抗通货膨胀的冲击。

房租押金及旅游基金准备

根据之前的控制消费计划，每月可以结余2000元，这样3个月后就有6000元，可以解决房屋押金的问题了。剩余的1000元加上目前已经有的3000元存款，可作为旅游基金，北京到山东可以选择动车出行，并且有落脚地方，4000元也足够玩一趟。建议将目前的3000元存款转为货币基金，收益比活期高，兼具高流动性，不需要任何手续费，等到交租房押金时随时取出。

通过基金定投的方式来积累教育深造基金

从7月份开始，考虑搬家后分担的房租上涨，每个月结余限定为1700元，可定投两个基金，因为基金定投是目前最适合他的积累和投资理财方式，可以把扣款日设在发放工资日的第二天，有非常好的强制储蓄效果。建议将1700元分为1000元和700元，待工资提高至7000元时，将结余分为1700元和1000元，分别定投一个混合型基金和一个指数基金，预期年化收益率10%，这样两年下来，就可以凑5.5万元，足以满足深造基金需要，另外5000元可以作为生活应急备用金，一般需要准备至少3个月的支出需要，每月支出为4300元，那么就需要准备12900元。

在读大学的时候，我读过一本书叫《巴比伦王国的财富秘密》。书中讲述的是一个这样的故事：一个名叫阿卡特的刻书匠，遇上钱庄老板阿格米斯，从他身上获得了致富真传，那就是从每个月不多的收入中拿出1/10作为储蓄，累积到一定程度再用这些钱生钱，日积月累，就会逐步成为一代富豪。很多人却不一定能做到。

在巴比伦王国的时代，很多普通人跟现在的白领一样，都觉得钱不够用，因此，能够存钱的人并不多，即使存了点小钱，也生怕投资失败，把它放在家里，这样的积累当然不可能大富。聪明的阿卡特是一个一点就通的人，但他毕竟初出茅庐，没有任何投资经验，把辛苦攒下的第一笔钱交给了下南洋的泥瓦匠代购珠宝回来做生意。结果，不懂珠宝的砖头师傅带回了假货，让阿卡特亏光了本钱。阿卡特没有退缩，告别了阿格米斯，独自外出闯荡，几年后回去时，虽然不是腰缠万贯，但也已经成功实现了资本的原始积累。年老的阿格米斯将自己生意的一部分交给他打理。阿卡特利用积累的投资法则，把这些生意做得更大，拥有的股份快速增值，最终成为巴比伦富甲一方的大富豪。

千百年来，巴比伦已经成为财富的代名词，它曾经是地球上最富裕的城市。他们当中的代表人物阿卡特，就是遵循了最简单而有效的致富法则：先学会强制储蓄，即把收入中的1/10雷打不动地存起来，控制不良支出；接着学会投资，避免各种投资风险，从而让钱生出更多的钱，一直循环，直至大量的钱为你生生不息，源源不断地流入你的口袋。这个故事告诉我们，其实致富法则都非常简单，却不容易。因为很多人都想着快速致富，不愿意采取这样缓慢而又乏味的方式。然而，致富并没有捷径可走，如果连储蓄的习惯都培养不了，还谈何致富呢。

因此，我们真正的做法应该是按照"收入－储蓄＝支出"的思维方式，先储蓄，再考虑消费。有人会说，储蓄很难做到。对于没有储蓄习惯的人来说，突然要他每个月进行储蓄确实会很难，所以才有强制储蓄一说。所有富人都有强制储蓄的习惯，强制储蓄是学会理财的第一步。强制储蓄的金额不是最重要的，重要的是养成强制储蓄的习惯。

储蓄是所有理财计划的基础，也是一个人自立的基础。它来源于计划和节俭，是一个人自立能力、理财能力的基本体现。连储蓄都做不到的人，说明他缺乏自我控制的能力，不可能指望他在财富管理方面获得成功。因此，两种公式、两种人生，选择正确的思维方式，将决定你未来的人生。

✾　"理才"与"理财"并重

对于初入社会的年轻白领，"理才"与"理财"同等重要，理才其实就是投资于自己，投资自己是最好的投资，能大幅提升赚钱能力，然后再结合理财能力，就可以更加容易实现成功人生。下面跟大家分享一种"人脉理财法"：它是一种内外兼修，内修功夫、外营人脉的做法。

我的一个大学师兄陈明，对于理财工具的认识比一般人还要深，却没有用于自己的资产规划。"我没有很刻意存钱或寻求投资，我认为投资自己最重要！"陈明对自我的投资，包含了进修与人脉两项。他曾在上海一家最高级的高尔夫俱乐部待了5年，做到市场总监，举办过数十场的大型高尔夫运动赛事，招待过泰格伍兹等世界高尔夫球星。

这些俱乐部是达官贵人的汇聚之所，在那里可以接触到很多优秀的人。陈明从一个小专员开始，只有一千多元的薪水，他却舍得请客吃饭、多结交朋友，而非存起来。"你知道吗？光听他们讲话就觉得收获颇丰！"他觉得这交际费花得太值了。他的专业是市场营销，深耕人脉的作用很快便"发酵"般扩散，各方人士大力赞助并参与他所举办的活动。不过三年，他便跻身年薪百万一族了。

陈明实行的就是"人脉理财法"：借由结识比自己更优秀的人才，协助事业或眼界的拓展。

投资在理财的时间愈长就表示投资在自己身上的时间愈短，而增加自己这个"人力资本"，如增加学历、才能、提升工作技能与人际关系，比投资所得的利息更多。初入社会三五年的青年，正逢职涯起步，最重要的是积累专业知识与建立职场关系。人脉理财，需要真才实学相辅相成，指的是专业知识与敬业态度。在工作上肯下苦功是第一步，获得客户、上司、同事的信任，先有工作表现为基础，人脉的加分效果才明显。

27岁的杨庆，前一份工作是精品公关公司的专员，如今，则是国内某知名钟表代理公司的公关经理。当初尚未正式上班，公司就送来一支市价20万的名表当作员工福利。不少人欣羡她能得到这个好职位，杨庆则说获得职涯攀升的机会连自己都觉得意外，因为是老板主动找上她的。

原来，现在的老板曾经是她的客户，认同杨庆的办事能力，当底下有缺，便将她列为候选人之一。而之所以被公司选中，"后来我才知道，老板曾问过几位媒体记者的意见，最后选了我。"

由于她与媒体接洽时，会针对不同属性的媒体提供多元的新闻角度，这份努力让记者肯定其专业，若有人问起杨庆的工作能力，想必多是美言。往往就是因为共事的好印象，就算没有刻意经营关系，无形之中也帮你牵好人脉，因此实力与人脉的养成不能偏废。

"人脉理财法"并不适合想一步登天的人，关系是一种长期投资，要细火慢炖，谁也算不准它在何时才开花结果，甚至要有心理准备，不一定有职位、薪资等实质回馈。

人脉的回馈会以各种形式展现在你的生涯中。结识优秀的人就像陈明所说，听他们讲话都有收获！当你面对人生关卡、遭遇困境之际，往往能从好的人脉那儿得到指引和帮助，他们或许无法在事业上给予直接帮助（通常若你值得信任，他们必会拔刀相助），但有时一句话就让你受益无穷。

在这个人脉如此重要的年代里，做任何事情都离不开人脉的作用。美国富翁们几乎都相信这一点，他们认为在他们成功中首要的因素，就是坦诚地对待所有人，将每一个认识的人"存"进他们的"人脉存折"，这样在他们命运的紧要关头，他们"存折"里的人脉就能够用到刀刃上，这便是他们的成功秘诀所在。

人脉好比一座无形的金矿，拥有了这座金矿，就掌握了取之不尽的财富。富人认识到了这点，所以富人富了，富人认识得深刻了，于是富得流油了；穷人没有认识到这一点，于是穷人穷了，一辈子认识不到这点，于是穷了一辈子。

网络上流行一句经典的话："有人脉成功就像坐电梯，没人脉成功就像爬楼梯。"

好莱坞有一句话非常流行，它是这样说的："成功，不在于你做什么，而在于你认识谁。"这句话虽然有些绝对，但对于个人来说，专业是利刃，人脉却是秘密武器。如果光有专业，没有人脉，个人竞争力就是"一分耕耘，一分收获"，但若加上人脉，个人竞争力将是"一分耕耘，数倍收获"。事实上，一个人能够成功，最关键的因素便是人脉，即你认识谁，谁是你帮手，在你需要的时候能帮得上你的人究竟有几个。

很多时候，人脉即财脉。所以如果你也想让自己更快地成为富人，就从此刻开始对自己人脉重视起来，并有意识地去编织自己的人脉网，不断地丰富和发展它，当你的人脉网开始壮大起来，财富就已经无意间向你靠近了。

因此，每一个年轻白领都应该善于投资自己，然后结合"人脉理财法"，经营好人脉圈，这样内外兼修，获得财富就会像坐电梯一样轻松了。

省钱的智慧

消费是整个家庭生活中很重要的一个组成部分，理性消费并不意味着以降低生活水平为代价，我们需要的是既少花钱又保持原有的生活品质。

其实省钱也是一种负责的生活态度，对自己和家庭负责，同时也是为整个社会节省资源。省钱代表了一种精明与节俭的生活理念，但同时并不妨碍我们去追求舒适的生活品质。因此，省钱不仅是一种生活态度，更是一门艺术。对于白领朋友们来说，理财就是开源节流，省钱就是其中一种节流之道。前面的章节中，我们已经学会了如何告别月光的不良消费习惯，做好预算和记账是一种很好的习惯，强制储蓄是最基本的理财习惯，那么，对于生活所需的消费，精明消费，同样是一种好的习惯。

说起省钱的智慧，我想每个人都有一些自己的心得和方法，下面我就跟大家一起分享两个最为普遍和实用的省钱方法。

网购之妙

在很多年前，如果有人跟你说，可以在网上购物的话，你会嗤之以鼻，然而到了今天，如果说你还没有尝试过网上购物，那就真的落伍了。时下，对于很多白领来说，网购已经成为一种时尚，一种生活方式了。其中最受欢迎的网购平台非淘宝莫属了，让我们足不出户，就能用最实惠的价格购买到最优质的商品，确实让我们生活改变了不少，随着互联网技术的不断提高，大量的优秀网购平台的出现，如京东商城、当当网、苏宁易购、卓越亚马逊等等，让网购成为一种风潮。

在五六年前，大多数白领朋友都是通过淘宝来购买服饰类产品为主，但慢慢地，我们已经开始在网上购买大件的物品了，如电器、各类电子产品、家私等。就我个人来说，以前都是在淘宝买小东西为主，从去年开始，我陆续在网上购买了手机、电视、家具等贵重的物品。因为通过网上平台购买，确实可以做到省时省力，更省钱。不如说，我买的手机，比外面的实体店便宜了将近400元，电视更是可以便宜上千元。我身边的朋友也是越来越多的通过网上来购物各种电器了，我的一位朋友，更是在网上卖起了钻石。我相信，随着网上购物越来越成熟，我们的生活将离不开它，我们生活所需都可以通过它就能轻松实现，让省钱、精明消费来得更简单。

所以，作为白领的你，不妨多多利用各种网购平台，让你轻松成为精明一族，时尚一族。中国消费的市场，主流消费群体已经慢慢转向80后和90后，他们对于新事物的接受程度远比上一代人高。

据全球著名调研机构IDC和阿里巴巴集团研究中心今天联合发布的《中国电子商务服务业白皮书》显示：2011年中国网民在线购物交易额达到7849.3亿元，同比增长近66%，而当年中国社会消费品零售总额的实际增长率是11.6%。随着网购市场的不断增长，聪明而又时尚的白领们，应该成为网购的参与者，更是受益者。

团购

2010年，团购成为当年最火的新事物，成为最新的购物方式。2010年是团购业迅速发展的一年，由于电子支付体系的不断完善与成熟，入行门槛低廉，各类团购层出不穷，令人应接不暇，团购网站数量曾一度高达1700多家，真可谓是"千团大战"。

团购就是团体购物，起源于美国，指认识或不认识的消费者联合起来，加大与商家的谈判能力，以求得最优价格的一种购物方式。根据薄利多销的原理，商家可以给出低于零售价格的团购折扣和单独购买得不到的优质服务。团购作为一种新兴的电子商务模式，通过消费者自行组团、专业团购网站、商家组织团购等形式，提升用户与商家的议价能力，并极大程度地获得商品让利，消费者从而获得最优惠的价格，其实可以简单地把团购价理解成批发价。网络团购的主力军是年龄25岁到35岁的年轻群体，在北京、上海、深圳、广州、厦门等大城市十分普遍，已成为众多消费者追求的一种现代、时尚的购物方式，因为它有效地防止了不成熟市场的暴利、个人消费的盲目、抵制了大众消费的泡沫。

网络团购改变了传统消费习惯。团购最核心的优势体现在商品价格优惠上，根据团购的人数和订购产品的数量，消费者一般能得到从5%到90%不等的折扣优惠。

简单地说，团购已经让我们的日常消费习惯如餐饮、娱乐消遣、旅游、商务等消费成本越来越低，而品质却不变。

对于消费者而言，团购能给我们经常消费的项目带来最大的实惠。比如以吃饭和看电影为例，现在非常多的年轻人聚会或看电影，都离不开吃饭、KTV、看电影这些项目，而这些项目通过团购能享受到最大的价格优惠。就拿我自己的情况来说，正常4个人吃饭，一顿下来，三四百是少不了的，而通过团购的话，基本都在200元以内就可以解决了，省了将近一半，所以我和朋友出去吃饭，也是经常采用团购消费的方式。再来说看电影，一张电影票，在各大影院的正常门市价基本都在80～120元，而在团购网，只要20～40元基本就能解决了，折扣优惠超过50%。所以，现在的年轻人看电影基本上都是以团购的方式了。可以说，团购已经无处不在，这是一个团购的时代，这是一个精明消费的年代，作为年轻一代的你，应该善用团购这一最实用的省钱工具。

基于以上种种优势，团购业得到迅速的发展。据统计，2010年中国团购市场整体交易规模达37亿元，2011年中国团购市场整体交易规模达237亿元，2012年1～10月中国团购市场整体交易规模达183.42亿元。目前已形成由几家知名团购网站占据主要市场份额的态势，如聚划算、美团、大众点评、拉手等。

其实，省钱的方法和方式还有很多，这里跟大家分享的网购和团购，就是其中的典型而普遍的方式，它能让省钱变得简单，让你轻松掌握省钱的艺术，真正做好"节流"，让理财更进一步。

全职太太如何理好私房钱

郭小姐，32岁，全职太太，先生40岁，建筑公司分公司总经理，大儿子7岁，小女儿3岁。有社保，购买两份保险，自住房一套，投资房产两套。私房钱目前50万元，另外每年有一定数额。

在很多人眼里，郭小姐是个幸福的小女人，有一个好老公，家有儿女，相夫教子，还能时常去做美容、出国旅游，这是让很多女人羡慕的生活状态，然而她也会有自己的一些担忧。

跟郭小姐沟通，原本建议她为小孩做子女教育金规划，然而发现先生已经为小孩各准备了一套房，到时需要时会出售掉留给他们，因此她认为不需要再为他们额外准备钱了。

作为全职太太，郭小姐一直有一个担忧，就是毕竟自己没有出来工作，没有固定的经济收入，很难实现财务独立，而现代社会的婚姻越来越脆弱，也让她对婚姻有一丝隐忧。虽然结婚以来，先生一直对自己很好，家庭也非常幸福，毕竟世事难料，谁也不知道未来会发生什么。因此如何让自己的财务更加独立，让自己内心更有安全感，就是郭小姐最关心的事情了。最新的《婚姻法》里面新的法律条款很多都对女性不利，这就需要现代女性懂得如何通过财务安排，有效应对婚姻风险。

于是，我就帮郭小姐做了一份私房钱规划，如何好好地运用每一笔私房钱，让它更安全、私密，稳健增值就是关键了。

郭小姐觉得自己有钱还是更有安全感，她把自己结婚之前几年工作的年终奖金都存了下来，算下来大概不到10万，而老公却不知道。本来想存到银行，但看见银行的利息太低，自己买了一些基金，又出现亏损。她在思考有没有更适合自己的理财方式。经沟通发现，郭小姐结婚时的礼金，先生全部给了她，作为自己的私房钱，然后每年先生也会给自己一些钱，这样，结婚礼金和持续的私房钱，加上自己以前的积蓄，将是非常好的私房钱规划的基础。

私房钱管理的方式有很多选择，可以选择股票、基金、房产、理财产品、保险等等，不同的理财工具有不同的特点，我给郭小姐配置的是保险公司的环球基金平台，它具有保单加基金的双重特点。保单能很好地体现私密及安全性，科学的基金组合能实现稳健的增值，因此它是管理私房钱非常好的一种选择。

郭小姐的基金账户一直是我在为她管理，每次见到郭小姐她都说现在私房钱在我管理之下很放心，里面的资金也在稳健增值，让她很满意！

案例总结

如何打理好自己的私房钱，已经成为现代女性理财的重要课题。私房钱管理的关键是要安全、私密、稳健。

第二部分
如何让钱为你工作

第5章
轻松玩转股票投资

如今，股票已经是大众最常用的投资理财工具了。股票投资在国内诞生于90年代初。在很多人不知道股票为何物的时候，就出现了全国200万人涌来深圳排队换取股票认购证的景象。随着股票市场的起起落落，在2007年，股票市场终于迎来了最疯狂的年代，在赚钱效应的带动下，很多上班族辞去工作，转为职业股民，无论是菜市场，还是公交车上，大街小巷都在谈论股票，全民炒股时代正式来临。然而，好景不长，随着2008年的全球金融风暴，国内股票一落千丈，从2007年最高点6124点跌至2008年的1664点，虽然2009年出现了反弹，但最近3年的持续低迷，还是让很多股民感受到了股票投资所带来的落寞与辛酸，也许每个股民背后都有一段血泪史，从全民炒股到人人避而不谈股票，转变之快，着实让人惊讶！到底我们该如何看待股票投资，又该怎样去投资呢？

✿ 股票投资的本质与逻辑

说到股票投资，很多人会想到很多技术分析方法，像K线图，KDJ、MACD等各种指标，各种分析方法等等。在这一章中，我不会跟大家分析这方面的知识，如果读者有兴趣，在书店或图书馆能找到非常多的此类书籍。在我看来，要想学会股票投资，关键是掌握股票投资的本质与逻辑方面的知识，是道的层面，比其他术的层面更为重要。所有的技术分析都有其局限性。过于迷信技术分析，是目前很多股民投资的主要误区之一。因此，年轻白领学习股票投资，应该先了解和掌握其投资规律。

在了解股票投资的本质之前，让我们来看看股市与经济的关系。早在20世纪早期，著名经济学家罗杰沃德巴布森就提出这样的观点：股市是经济的晴雨表。经过长时间的实践证明，该观点此后被各大经济学家广泛接受，经济学家们普遍认为：股市与经济是密切相关的，股市总是会提前反映经济状况，会预测经济的走势。

然而，在国内，在2005年之前，中国股市还不是经济的晴雨表。在下图我们可以看出，从1993～2005年，中国GDP增长率与上证指数是跷跷板的关系，当GDP持续走低的时候，上证指数持续走高；而当GDP增长持续走高的时候，上证指数开始走低。

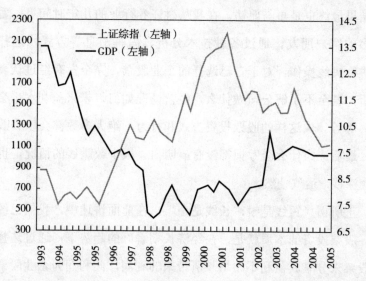

直到2005年的股改，实现股权分置改革，此后，中国股市才是经济的晴雨表。2005～2009年间，上证指数跟GDP的增长率走势基本是一致的。当GDP增长速度走高时，上证指数会随之走高；反之，

GDP增速走低，上证指数亦会随之走低。

因此，股票投资其实就是对未来经济增长趋势的投资。如果我们看好国内经济未来的增长趋势，就可以通过投资股市来分享经济增长带来的果实。

在具体操作中，我们是通过选择一家企业的股票，来分享经济增长的收益。我们选择该股票的根本，是在看好国内经济增长前提下，选择未来盈利增长可期的企业，随着企业盈利的不断增长，带动股价的上扬，这样，就能通过投资该股票获得相应的分红及股票差价，这就是股票投资的本质所在。

股票投资的本质不是博取短期的差价。时下很多股民投资股票，就是追求短期回报，不断进行操作，来博取短期差价的回报，其结果最终也是事与愿违。在我从事证券行业的几年时间里，看到太多的客户朋友，通过各种技术分析、内幕消息等方式，选择股票进行短线操作，对于自己选择的企业股票，完全没有经过认真的分析，甚至不了解公司做什么，经营情况如何，未来盈利水平会如何，等等。像这样的股票投资方式和行为，绝大多数都会以失败告终，最后连为什么会亏损都没有搞明白。极少数赚钱的情况，也是赚糊涂钱，运气使然。

正所谓"短线是银，长线是金"。在前面讲述中，我们已经明白，股票投资的本质就是，在经济长期看好的趋势下，通过选择企业股票来分享其盈利不断增长所带来的利润，此利润为企业股票的长期增值，不是短期差价。只要明白股票投资的本质，就会明白长线是金的道理，坚持长线投资的理念。

我们可以以万科为例。如果你恰好在1991年9月7日以当日最低价4.3元买入万科A5万元，坚定持有16年后，在2007年11月1日，又恰好以当日的最高价40.78元卖出万科A，同时加上十六年间的分红和送股，则你当初投入的5万元将变成2162万，财富增长了432倍。

事实上，真有这么一位投资人获得了400倍的财富增长。这个人叫刘元生，他当初用400万购买万科的原始股，18年的等待终于有了巨额回报：现在刘元生持有的5827.63万股非流通股，市值为6.32亿元，在2007年股价高峰时，市值一度超过15亿。刘元生这样的股民确实少见，他才是最大的赢家。我们曾经听说过一个美国老太几十年持有可口可乐股票，原来只用了很少一部分钱买的股票已经可以卖出几百万美元。现在，刘元生也向我们演绎了这个奇迹。

万科之所以能获得如此惊人的成长，主要得益于中国经济的高速成长及房地产行业的迅速发展。中国过去三十年的实际平均GDP增长率为9.8%，中国的房地产行业也在此背景下迅速发展成为暴利行业，得益于这两个关键因素，才造就万科的资本增值神话。

因此，如果白领想通过股票投资来致富，就必须清楚股票投资的本质，就是分享经济增长成果，通过企业的盈利成长，获得相应的资本增值，对优秀企业长期投资才是致富之道。

🎗 跟巴菲特学股票投资

说到股票投资，就不得不提到一个人，那就是巴菲特，他被广大投资者奉为"股神"。1941年，11岁的巴菲特购买了平生第一张股票，从此开始了他的投资生涯，他通过长期股票投资，在2008

年的《福布斯》排行榜上财富超过比尔·盖茨，成为世界首富。他掌管的伯克希尔投资公司，从最初的19美元，增长到2011年的99860美元，在40多年里，年复合收益超过20%，成就了他"股神"的神话。

巴菲特是个慈善家，为了做慈善，他利用自己的名气，每年将与自己共进午餐的机会进行拍卖，其中最高一次拍卖价竟高达263万美元。想在投资领域取得更大辉煌的精英人士，都纷纷希望通过跟他共餐的机会，跟他讨教股票投资的心得与智慧。另外，无数的巴菲特追随者，会赶往奥马哈市，因为巴菲特所掌管的伯克希尔公司会在那举行一年一度的股东大会。这样，奥马哈便成了投资者们的朝圣地，每年的这个时候，他们都抱着一颗虔诚却又饥渴的心前来聆听巴菲特的投资箴言，以期待从他的只言片语之中获得财富投资的秘诀。

然而，并非所有人都有机会参加伯克希尔的股东大会，在此，就跟大家分享一些巴菲特所倡导投资理念的精髓。

首先，巴菲特坚持一个原则：要投资而不是投机，投资才是致富的真谛。巴菲特说过"人们习惯把每天短线进出股市的投机者称之为投资人，就好像大家把爱情骗子当成浪漫情人一样。"

巴菲特不是靠在股市上低买高卖、炒作股票成为巨富的，恰恰相反，他一贯坚决反对投机炒作。有些投资者，幻想通过炒作每年从股市上赚到30%甚至更多，在某些好的年份里，他是做到了，然而在多数的时间里，他都是会以失望而告终。巴菲特掌管的上市公司在过去35年里，平均收益率为24.2%，但这种增长不是靠市场炒作而获得，而是靠扎扎实实的业绩得来的。很多人会对20%多的收益不屑一顾，他们追求的是短期暴利，投资收益像过山车一样大起大落，最终的结果可想而知。其实财富的秘密就是稳健的收益加上长期的复利效应，也就是巴菲特所说的滚雪球式财富增长，它用自身财富积累的成功，证明了这种方式的可行性及爆发性。

在我们学习巴菲特价值投资理念时，需要注意的一个问题就是，巴菲特致富的核心是投资，而不单单是长期持股。巴菲特推崇投资，一贯反对投机，对证券分析师更是不屑一顾。但他鼓励长期投资的前提是你所投资的企业真正值得长期投资。巴菲特曾将其在股票市场的"生财之道"总结为：当我投资股票的时候，我把自己当作企业分析家，而不是市场分析家、证券分析师或者宏观经济学家。他从不名一文到富可敌国，自始至终都是在资本市场上寻找那些价值被低估的股票，而他对利用技术分析、内幕消息等投机行为总是不屑一顾，这种可以称之为过于自我的投资理念却让他长期获利。

可见，投资才是巴菲特致富的真谛，而并非是投机。只有投资者明白这一点，才不会只表面化地记住了长期持股，很多人是在被套之后，才索性学起了巴菲特，做长期投资者了。这是严重的误解，或者说前提错了，盲目地长期持股损失可能更为惨痛。

其次，巴菲特认为：如果我们有坚定的长期投资期望，那么短期的价格波动对我们来说毫无意义，除非它们能够让我们有机会以更便宜的价格增持股份。

巴菲特之所以成为股神，最主要的因素是他是一个长期投资者，而不是短期投资者或投机者。巴菲特从不随波逐流去贪求市场的短期利益，不会因为一个企业的股票在短期内会大涨就去跟进，他从来不碰被市场高估价值的企业。一旦投资，他基本上会长期持有。

巴菲特曾经买入过数十只股票，有一些股票持有时间较短，其中大部分持有期限都非常长。像可口可乐，华盛顿邮报，运通，吉列等少数几只股票自买入后就一直持有，长达20多年。而恰恰是这几只股票为他带来最丰厚的回报。大多数人采用股价上涨或下跌的幅度来作为判断持有或卖出股票的标准，而把巴菲特却并非如此。巴菲特判断持有还是卖出的唯一标准是公司的价值增值能力是否与买入时相当，甚至有所增加，而不是其价格上涨或者下跌。巴菲特告诉投资者要忽略市场的短期价格波动，专注于公司的长期发展，因为从长期看，市场最终会反映公司的内在价值。因此，在长期投资中投资者一定要有坚定的耐心，忍耐再忍耐。因此他曾说过：如果你不愿意持有一只股票的时间长达10年，那也不要考虑持有它的时间只有10分钟。就拿巴菲特投资《华盛顿邮报》的案例来说，当20世纪70年代规模巨大的股灾向华尔街袭来时，众多企业都成了这场灾难的受害者，《华盛顿邮报》当然也不例外，它的股票瞬间变成了便宜货，处处遭人冷眼。但就在此时，巴菲特却把它当作是一个千载难逢的机遇，大量买入其股票，他看重的正是它强大的优势，业务规模庞大，具有源源不断地创造出巨大利润的盈利能力，从1973年开始买入开始，至今已有将近40年的时间了，巴菲特1973年投资1060万美元买入的《华盛顿邮报》，这些股份的市值加上因回购而出售股份所得的收入共有22.1亿美元，超过200倍的回报。他曾经说过："我将永远持有《华盛顿邮报》的股票直到我死去。"这次成功的投资，让他获得了巨大的回报，也很好地证明了其价值投资、长期投资的独到眼光。

但事实上，现实中很多所谓的投资者都是失意者，因为他们无法做到在股市风云变幻面前冷静面对和分析，同时人性中的贪婪促使他们带着一种急功近利的心态狂烈地参与到股市的跌宕起伏之中，以期能获得暴利，最终结果往往与预期相反。

巴菲特认为：短期而言，股市是个情绪化的投票器，但就长期而言，它却是个准确无比的称重器。对于一家上市公司而言，过去的辉煌业绩和今日的妥善经营虽是好事，但它们已反映在今日的股价上了。巴菲特曾经说过，真正决定投资成败的，是公司未来的表现。因此，作为股票投资者，需要以"购买未来"的心态去投资股票。

我们向巴菲特学习投资股票，最重要的就是要学习其投资理念，就是坚持价值投资而非投机，追求短期的回报，坚持选择优秀的企业，用长期投资的理念来获得最大的回报。

🎗 轻松炒股的学问

我认为，要学会轻松炒股的关键，就是学会择时和选股，这两大能力将决定你投资股票的回报，那么到底如何掌握择时和选股呢？

首先，我们先来谈谈择时。在明白股票投资的本质以后，就有人会问，是不是只要我们长期看好中国经济增长，就可以不分时机，选择优质的股票来投资，长期放着了呢？其实也不尽然，既然股市是经济的晴雨表，那么经济有周期，股市也一定会有周期。那么，我们到底该如何把握股市的节拍，判断现在是否是合适的投资时机呢？

　　判断股市周期的逻辑有很多，其中我最为认可的一个择时判断指标就是：市盈率，它能可以相对准确而又简单地预测股市运行状况。它是经常容易被大家忽视的一个指标。

　　那什么是市盈率呢？市盈率=股价/每股盈利（每股盈利就是上市公司在一年的运营过程当中，会产生一年的总收入，在扣除成本和税费之后，可以得到总利润，将总利润平均分摊到每一股份上，就可以得到每股盈利）。市盈率是衡量股价高低和企业盈利能力的一个重要指标。由于市盈率把股价和企业盈利能力结合起来，其水平高低更真实地反映了股票价格的高低。简单地说，市盈率揭示的是，你在股市上的一笔投资多长时间可以收回成本。举个例子，假设你想购买的股票A，市价为30元，它过去一年的每股盈利为3元，那么它的市盈率为30/3=10，如果该股票保持每股盈利能力不变，则你每付出10元钱购买该股票，每年将获得1元的赢利，你需要持有该股票10年，才能收回当初的投资成本。因为市盈率表示在股市上一笔投资多少年才可以收回成本，所以市盈率的倒数就表示了每年的回报率。因此像前面这个例子，市盈率为10的话，那么每年的投资回报率即为1/10=10%。

　　如何判断股票趋势是否是牛市末期或熊市末期呢？股市平均市盈率就是一个比较好的方法。股市平均市盈率可以揭示整个市场的运作状况。当股市平均市盈率处于较低水平时，说明这个市场上绝大多数股票已经具有了投资的价值，即使现在仍处于熊市，可能也只是熊市后期了，此时就可以进场购买股票。当股市平均市盈率处于较高水平时，说明这个市场上绝大多数的股票已经没有了投资价值，即使现在仍处于牛市，可能也只是牛市后期，此时应降低股票仓位，将牛市中的利润逐步变现。

其实股票市盈率和股市市盈率是不用大家去计算的，可以通过一些简单的方法就能查到，单只股票市盈率在各个行情软件里都能找到，股市平均市盈率也是一样，另外，建议查看股市平均市盈率可以到上海证券交易所和深圳交易所网站查看，其数据较为权威。

在我们清楚需要了解股市市盈率来判断投资时机后，很多读者会有疑问，那么到底市盈率多少为高，多少为低呢？

过往19年的统计结果表明，平均市盈率决定大盘顶部和底部。只要平均市盈率跌到15倍以下，就是买股的最佳时机，也是获取暴利的机会。60倍以上的时候，就是最佳的卖股时机。

以下是中国股市几次重要的历史大底时的市盈率数据：

底1：1992年11月9日至11月24日，时间12天，点位386～459，平均市盈率15倍左右。

底2：1994年7月18日至7月29日，时间10天，点位325～406，平均市盈率12倍左右。

底3：1996年1月18日至2月15日，时间21天，点位512～538，平均市盈率19.44倍左右。

底4：2005年5月24日至6月8日，时间12天，点位998～1048，平均市盈率15.87～16.46倍。

底5：2008年10月27日至11月7日，时间10天，点位1664～1809，平均市盈率13.86～14.24倍。

五次大底显示的共同规律：平均市盈率15.4倍。

中国股市几次重要的历史大顶：

1997年1510点大顶平均市盈率59.64倍、平均股价15.16元。

1999年1756点中期大顶平均市盈率63.08倍、平均股价14.1元。

2001年2245大顶平均市盈率66.16倍、平均股价17.51元。

2007年6124点，沪深两市当天所有股票的平均市盈率是71倍、平均股价22.54元。

顶部市盈率大概在60倍甚至于70倍。但在60倍以上清仓都是明智之举。

纵观中国股市的整个周期，虽然股票价格不断波动，但是股票市盈率的波动却是有规律的，这个规律就是：每一次牛熊轮回市场平均市盈率在15倍左右和60倍左右之间穿梭运动。因此，读者们只要掌握了市盈率的变化，就能把握股市的节拍，抓住牛熊规律，轻松选择股市投资的入场与退场的最佳时机。

另外一个择时方法就是逆向思维，即像巴菲特说的那句经典"在别人贪婪时，我恐惧；在别人恐惧时，我贪婪。"如果说逆势而为的"动"需要极大的勇气和强大的判断能力，那么坚持自己，绝不盲从的"静"则需要冷静的头脑和超强的自制力。

"股市在绝望中落底，在悲观中诞生，在欢乐中拉抬，在疯狂中消失。"这是流传于华尔街的一句名言，但很少有投资者理解并记住这句名言。不过巴菲特没有忘记这句话，他也最终成为这句话的受益者。

1968年的华尔街，股市呈现出前所未有的繁荣，道琼斯指数一路飙升，交易大厅人山人海，各种喜悦的欢呼声不绝于耳，人们在传递一个又一个暴富信息的狂热，同时又因这种狂热而迷乱了心窍。一时间华尔街仿佛遍地是黄金，很多人轻而易举地成为百万富翁。

而就在此时，面对如此繁荣的股市，巴菲特却做出了一个惊人的决定，那就是解散合伙企业，逐一清算投资人的全部资金。然而奇迹往往就是在人们无法相信的时候发生。在接下来的日子里，华尔街股市的牛气渐尽，指数几度飘摇，此后，股市就一路下跌，噩梦一个接着一个，熊市延续长达几年，无数人的发财梦全部破灭，损失惨重。而巴菲特由于及时解散合伙人企业，因此避免了重大损失。

2007年的国内股市，跟当年的华尔街景象是不是出奇的相像呢，指数一路飙升，各板块股票全线飘红，出现明显赚钱效应，接着引发全民炒股，大街和证券营业厅的股民一片欢乐声，股市从欢乐到疯狂，在当年10月份冲上了6000点大关，当时很多股评家已经在鼓吹冲破万点大关的美好愿景。然而好景不长，此后，股市一路走低，加上全球金融风暴影响，牛市在疯狂中消失，在暴跌中沉寂，让很多股民损失惨重，时至今日，仍心有余悸。

因此，学会逆向思维，结合市盈率规律，在别人贪婪甚至疯狂时，应该及时退出市场，在别人恐惧甚至绝望时，大胆进入市场，就能做到像巴菲特一样逆市而为，为投资股市寻得良机。

那么，关于选股，我们又该遵循什么原则呢？

巴菲特始终都非常信奉恩师格雷厄姆的名言："就短期而言，股市是个情绪化的投票机器；但就长期而言，它却是个准确无比的天平。"他认为，要想击败市场，第一个条件当然就是不要受市场情绪的影响。而不受市场情绪的影响，首要条件就是为自己确定一些选股的准则。

现在A股市场的上市公司将近2500只，要在里面选择出优秀的企业，确实是非常难的事情。但是，在这里，我可以给大家一些最基本的准则，来帮助大家快速选择。这些标准至少为你提供了一个筛选企业的基本策略，而且以这些标准选出来的股票，绝大部分都是质地优异的好公司的股票，甚至可以成为带来数十倍回报的股票。

其实，股票投资的核心是如何评估企业价值和价格的关系问题，核心目标只有两个，那就是寻找到好企业，然后为它进行估值。好企业不一定是好股票，因为这里面还有一个决定要素就是价格，只有同时满足好企业和好价格这两个条件才是我们定义的好股票。这跟巴菲特提倡的安全边际理论是一个道理，安全边际是价值投资领域里的核心概念，其定义为实质价值或内在价值与价格的顺差。他认为，股票投资策略持续有效的前提是，我们可以用具有吸引力的价格买到有吸引力的股票。对投资人来说，买入一家优秀公司的股票支付过高的价格，将抵消这家优质企业未来10年所创造的价值。对投资人来说忽视安全边际，即使买入优秀企业的股票，也会因为买家过高而难以获利。

在这里，主要跟读者分享第一个问题，那就是如何简洁快速地选择好企业的问题。

首先，我认为最重要的一点是，企业过去的股东权益回报率一直较高，如果能够持续超过15%就很理想。股东权益回报率作为投资来说是非常重要的财务指标，它反映了100元的股东资金创造了15元的净利润，反映了企业赚钱能力和竞争能力的核心要素。比如A企业的股东权益回报率是20%，B的是10%，那么同样是100元钱的净投产，A创造的利润是20元，而B只有10元，如果这样的情况维持10年，这两家企业都将所赚取的利润不分红，全部进行再投资，那么10年后，A企业当年创造了124元的利润，而B只有26元的利润，差别显而易见。但是，很多企业高企的股东权益回报率是利用了不合理的财务杠杆达到的，也就是说他利用了大量的负债来实现企业的成长，如果投入并没有达到预期效果，那么可能会造成亏损甚至倒闭的风险，所以我们对财务杠杆的运用应持谨慎态度。

其次，企业能保持持续的盈利。虽然我们投资增值中只有很少一部分来自股东分红收益，但是，这并不能说明企业的盈利与否对我们无关紧要。一直有盈利的企业说明了两个问题，一个是企业自身的经营很不错，一直在为股东创造利润；同时，也说明了企业在经历过多个经济周期中表现得比较稳定，所处行业相对变化不是很大。对于这样稳定的企业，我们能够比较容易看得清楚，能够更好地看到它的未来。相反，如果一个企业利润波动较大，时而盈利时而亏损，那么对于普通的投资人来说很难预估它的未来业绩，更不容易评估它的价值了。

第三，企业过去的经营史，至少连续5年收入和净利润增长率的平均值在20%以上。这些历史数据能够预见未来吗？当然不一定。但至少这家企业告诉我们它过去的业绩是优秀和稳定的，而且未来继续保持增长的可能性较大。反过来看，如果某个企业过去5～10年的增长速度比较差，那么未来能够获得高速增长的概率一定较小，特别是在中国目前的高速发展阶段。我想要告诉大家的是，投资股票致富的根本来自于企业成长。1998～2008年，中国经济增长速度保持在了平均10%以上，在此期间，很多行业的增长速度都达到了10%甚至15%以上，比如金融业、消费品和零售业等。未来10年中国仍能保持较高速的增长是可以期待的。

第四，投资者一定要投资于了解其如何赚钱的公司。"不熟不做"的商业定律一样适用于股票投资领域。只有清楚、深刻地理解公司的业务和经营模式,你才可能知道未来发生的任何事件会对公司业绩产生的影响,你才能知晓公司的产品和服务是否有竞争优势。如果连一家公司如何赚钱都搞不清楚,那么肯定无法预知公司的未来。在这一点上,很多股民都是糊涂的,根本不了解公司的基本情况,这种行为又和赌博行为有何区别呢?

最后,企业是否有持续健康的现金流运作。持续的经营性现金流是企业财务健康的保障。我们通常所说的企业净利润,都是会计报表上的会计利润,很多时候并不能真实反映企业的财务状况。大部分发达国家的统计数据显示,每五家破产倒闭企业,有四家是盈利的,只有一家是亏损的。可见,企业主要是因为缺乏现金而倒闭,而不是因为盈利不足而消亡。

如果你能找到完全符合这5条的企业,那么恭喜你中了大奖。企业和人一样,也没有十全十美的,这个方法不能完全适用于所有的行业和公司,比如房地产行业,很少有ROE持续超过15%的,再比如银行业的自身特点,财务杠杆远远高于其他行业。作为普通的投资者,如果能按照以上五个标准选择优秀企业,我相信投资股票将会变得简单,不仅会大大降低你的投资风险,而且会真正地为你带来股票投资赚钱的乐趣。当然,需要提醒大家的是,以上标准只是作为初步的筛选准则,而不是最终的投资决策。

就像巴菲特的理念一样,我始终认为正确的投资核心理念应该是:我们的盈利来自于企业本身,来自公司成长带来的资本增值。这种盈利模式对于市场所有参与者而言是共赢的。比如沃尔玛30年股票涨了5000倍,这就是伟大的企业。我们就是要寻找这样的企业。因此，选择最优秀的企业，然后就可以分享最快的财富增长。

在我写书的时间段里，很多朋友都问我现在的股市能不能投资，在我看来，只要是抱着中长期的投资想法，现在是可以考虑分批买入一些优质股的。现在上证股市的市盈率是11倍多，估值非常低，跟历史上的大底市盈率很接近，从经济增长角度，已经有触底反弹的迹象。在新一代领导人的带领下，加上一系列的改革红利及城镇化进程，未来十年GDP保持7%～8%的年增长率是可以持续的。现在很多投资者对A股都信心不大，交易量不足，这也正是投资的好时机，要选择出盈利能持续增长的优秀企业，做长期投资，真正分享未来的财富盛宴。

外企主管的三口之家如何实现财富人生

林先生，34岁，外企销售主管，妻子32岁，小孩3岁，家庭年收入35万左右，年支出18万，股票16万，基金14万，借贷20万。双方均有社保，有房产一套，贷款60万，贷款30年，月供4000元。林先生购买了万能险一份，年缴7500元。

由于林先生在外企上班，又是销售岗位，工作特别繁忙，还经常需要出差，所以专门找到了我，想让我帮他好好看看他的财务现状，给出相应的理财建议。

看完林先生的情况，财务诊断可以看出：首先，林先生属于中等家庭收入类型，典型的有房有车一族，贷款压力属合理范围。投资理财意识强，股票、基金、保险均有配置，但整体收益不佳。另外，家庭整体保障不足，没有尽早规划子女教育金。

林先生之前投入股票资金约25万，几年下来，亏损将近40%，基金买了3只，其中两只亏损，另外一只定投的有赚钱。最近3年国内股票市场不景气，加上陈先生工作繁忙，缺乏相应专业能力，是亏损主要原因，借贷方面，每年能获得20%的回报，但此方式非长期投资方式，只能在特定时间内，高收益必定伴随着高风险。

最后，万能险是一种同时兼顾投资与保障的保险种类，它最大的特点就是灵活，保费和保额都可以随时灵活调整，万能险的优点在于保额可变，缴费灵活，缺点在于未来保障的不确定性，在于合同期内每年扣除保障成本和初始费用，年龄越大扣除越多。对于经济不是很宽裕又需要确定保障的群体来讲，万能险不是好的选择。万能保险比较适合保障需求不高、没有投资渠道的人群。这样在一定时间后，把保障额度调到最低，使得保单价值最大化。

综上所述，给出了一套让资产配置更加合理优化的方案：

首先，减少股票和基金的投资比例，腾出部分作为子女教育金规划的启动资金。其次，补充一份终身保障的重大疾病保险，以弥补万能保险的保障不足和未来保障的不确定性。最后，做一份子女教育金规划，用环球基金平台，股票与基金腾出部分作为启动金，未来的年结余作为持续投入，通过专款专用，由我来专门管理其基金专户，让它实现更稳健的增长。

上一次遇到林先生，他说现在的资产配置让他轻松了许多，家庭保障更加完善了，闲钱和子女教育金专户在我的专业管理之下，资产稳健增值，他深感选择专业理财机构和专业理财师的重要性。

案例总结

善用专业人士，将让理财变得更加轻松简单。选择合适的保险，合适的资产增值工具，加上专业人士管理，让财务安排变得更加容易，自己能把更多的心思投入到繁忙的工作中。

第6章
让基金经理为你工作

　　上一章，我们了解了股票投资的真谛及关键原则，掌握这些知识能让你更加容易地投资股票。但是对于很多白领朋友来说，他们还是没有足够的精力和时间来关注股票市场和宏观经济环境的趋势变化，也没有足够的专业经验去分析企业。与此同时，如果你又看好中国未来的经济发展，想通过投资来分享中国经济发展的果实，那么，基金投资将让这些问题迎刃而解，让你的理财更简单。在这一章中，将会跟大家分享关于基金的基本概念、不同分类，及如何选择适合自己的基金等问题。希望读完本章节，能让你更轻松地实现让基金经理为你工作！

让专家为你打工赚钱

　　在许多人眼里，牛市最好的选择是当股民，就像2006和2007年那样，抓住机会比别人多赚一些，他们相信股票涨一天等于基金涨一年；熊市最好的选择就是束手被套，或者金盆洗手，既不做股民也不做基民，以图东山再起。尽管这些股民的如意算盘看起来头头是道，但实际上往往事与愿违，所以，我在任何场合，都强烈建议普通投资者更合适做基民而非股民。那么到底什么是基金，基金投资对普通白领又有什么好处呢？

　　基金，已经成为专家理财的代名词。作为最早的代客理财方式之一，基金诞生已经有近百年的历史了。证券投资基金作为社会化的理财工具起源于英国，而世界上第一个公司型开放式投资基金——马萨诸塞投资信托基金诞生在美国。中国最早的开放式基金出现在2001年，直到2006年和2007年，基金平均实现翻倍收益的情况下，才被很多投资者所了解，中国的基金业从而迎来了高速发展期，在最高峰阶段，基金管理的资产高达3.8万亿，目前也还保持2万亿以上规模。简单地讲，基金是指通过发售基金份额，将众多份额持有人的资金集中起来，形成独立财产，由基金托管人托管、基金管理人管理，以投资组合的方法进行证券投资的一种利益共享、风险共担的集合投资方式。通常，基金托管人是银行，基金管理人是基金公司，份额持有人就是基金投资者。作为专家理财的主流方式，它与直接投资股票、债券不同，基金是一种间接投资工具。一方面，基金以股票、债券等证券为投资对象；另一方面，基金份额持有人通过购买基金份额的方式间接进行证券投资。很多人还不了解这种方式和自我直接投资的方式有何区别，对自己有什么好处。下面，就跟大家分享一下直接投资股票和间接投资股票市场的区别。

在很多股民眼里，自己直接投资比交给基金经理投资更靠谱、收益更高。事实上，绝大多数股民都做不到。股市投资有个规律，就是"721"法则，即假设10个人投资的话，会有7个人是亏钱的，2个人是不亏不赚的，另外1个人是赚钱的，也就是说，真正能在股市中赚钱的比例只有10%。根据我多年接触股民的经验，也基本上是这个概率。

中央电视台经济频道的《经济半小时》在2008年6月份对七十万股民做了一个调查访问，其调查结果显示，从2007年1月1日起，参与调查的投资者中亏损者的比例达到了92.51%，盈利的投资者仅有4.34%，勉强保本的投资者为3.15%。如此大范围的亏损，即便在过去漫长的熊市中也极为罕见。事实表明，在1年半的时间里，股市经历了2007年的疯狂上涨和2008年的快速下跌，结果导致超过9成的股民亏钱。

让我们再来看看在2007年的大牛市年底里的股民表现。根据和讯网的2007年度股市民意调查，在对京沪穗三地进行的股民调查中发现：在京、沪、穗三地股民中，有31.5%的股民在2007年的股票投资中不赔不赚，基本做到了保本，在所有情况中所占比例最大；有24.9%，近1/4的股民表示在本年度中损失很大，本金损失超过30%；有19.9%的股民表示今年的股票投资损失不大，本金损失在30%以内；还有23.7%的股民表示，今年没有赔还赚了一部分。也就是说在大牛市行情的年份，只有2成多的股民是赚钱的，也许你很难相信，但这就是事实。

那么，到底是什么原因导致这样的结果呢？巴菲特说过一句"我之所以能有今天的投资成就，是依靠了自律和愚蠢这两个东西：即自己的自律，别人的愚蠢。"

因此，自律和心态是股票投资成败的关键所在。专家理财的基金恰恰能在这两个方面比个人做得更加优秀。

股票市场是大鳄吃小鱼的市场。因此，散户往往是输钱最多的人，个人投资者在市场中所处的江湖地位是最低的。基金等机构都是股市里的"大鳄"，而个人投资者只是些"小鱼小虾"，基本处于"任人鱼肉"的地位。导致这种局面的原因有以下几点。

第一，从资金实力角度，基金等机构动辄几十亿甚至上百亿的规模，是个人投资者难以比拟的，毕竟任何股票的上涨都需要资金面的推动。

第二，从获得关键信息角度看，基金等机构往往能获得最关键最及时的公司相关信息。基金经理甚至可以直接与上市公司管理层定期会面，近距离了解公司的运营情况，甚至还能在公司配股或分红时，有能力与管理层讨价还价，而个人投资者根本无法接触到这些。

第三，研究和分析能力。在投研方面，基金公司有专门的研究团队，对不同行业和不同公司进行深入调研和分析，然后基金经理可以根据这些重要信息来判断选股，另外也有相关交易员协助基金经理去完成交易程序，在投资决策和风险管理方面也有相应的委员会为你把关与监督，真正做到团队协作，可以有效避免因个人操作失误导致的亏损。在投资的专业领域，个人投资者与机构就像是一个小学生与一个大学生比做数学题，根本不在一个水平层次上。

说回决定投资成败的关键：自律与心态。在我认识的绝大多数股民当中，在股票投资时，都做不到真正的自律。我其中一个典型的客户朋友，李先生，他平时买股票都是根据身边同事或证券公司某客户经理的推荐，当他听到某只股票很好时，他会立刻买入某只股票，做一个决策往往比闪电还快；而在仓位控制方面，李先生要么满仓，要么在满仓的路上。个人投资者在投资时，总显得过于一厢情愿。以李先生为例，他在买入一只价值20元的股票时，起初会将止损位设在18元，但在股票跌到17.5元时，他会觉得："再给它点机会吧"，于是，他把止损位改到17元，而这正是致命的错误，因为他违反了自己原先设定的纪律和计划，这也是很多股民的真实写照。

相反，作为机构投资者，他们看似呆板、严苛的决策体制和投资纪律，确保了决策者不会盲目投资，也不会遇到挫折时损失太大，对于股票这种具有风险的投资，纪律是非常必要的。个人投资者因为没有外部的控制和保持自律的能力，他们在股市中的行为就不是投资，而像在投机或者赌博，完全靠运气。而专业投资者的优点就是投资纪律。自律的精髓在于情绪管理，一般的个人投资者难免在交易时会情绪化，但若想在市场中生存，就必须要有纪律。当你感觉到恐惧或欣喜时，必须把它转化为你的纪律信号。自律并不是呆板、机械，而是指坚持一种独立、专注、始终如一的投资策略。真正的投资大师们个个都是自律的高手。

因此，选择基金这种专家理财方式，更容易掌握自律和心态这两方面，也就更容易在市场上顺势而为，不盲目操作、随意操作，从而获得更加理想的回报。换句话说，把钱交给合格的专业投资者是治疗恐惧与贪婪的良药。每个人的精力都是有限的，对大部分白领朋友来说，把时间花在充实自己、关注事业上，才是提高生活水平与增加收入的最有效方式。

基金是介于债券与股票之间的一种受大众欢迎的投资工具，它既能获得较高的收益，也能分散风险，使资产得到相对的保证。一般来说，基金投资有以下几个好处。

① 基金有专家理财的优势。负责帮助投资者理财的基金管理人都由一些金融投资专家组成，他们均受过专门的训练，在投资领域积累了相当丰富的经验，而且和证券市场紧密相连，信息资料齐备，分析手段先进，比一般人更能把握证券市场的走势，这是投资基金最大的优势。

② 证券基金有积少成多的优势。个人投资者的资金量小，在证券市场中运作往往显得捉襟见肘，而集合成基金后威力大增。

③ 证券投资基金有组合投资、分散风险的优点。而个人投资者由于资金量的限制，有时很少能做到组合投资、分散风险。

④ 与股票相比而言，证券投资基金还有费用低廉的优点。基金买卖手续费用仅为成交金额的3‰，远低于股票买卖的7.5‰。

此外，买卖证券投资基金也很便利，一旦购买了基金，成为基金持有人，平时只要注意阅读所购买证券投资基金公布的中报、年报，了解基金资产净值的变化情况和收益分配等几处即可，不必像买股票一样关注更多的信息与分析，可以节省很多时间和精力。

综上所述，我强烈建议一般的投资者选择基金这种专家理财的方式来进行投资，而不是直接在惨烈的股市中搏杀。一旦选择这种方式，既轻松，回报又更可观，何乐而不为呢？其实在美国，有超过半数的家庭理财都会选择共同基金这种专家理财方式。在未来，国内应该也是会由散户投资时代向真正成熟市场的机构投资时代过渡。

所以，投资者不妨将资金交给专业的机构，通过购买基金等方式，让专业机构来帮助你理财，选择最优秀的基金来为你工作赚钱。所以，那些不了解市场，不懂理财，或没有时间的朋友们，请不要轻率地炒股票。专家理财，投资基金是比直接投资股票更为合适的理财方式，也更加轻松快乐。通常，优秀的基金，都能在经历牛熊市的不同市场周期后，创造可观的收益。

✗ 慧眼识基金

通过第一节的分析，相信很多读者已经了解到了基金这种投资工具的优势所在。也开始愿意选择基金这种工具来帮自己理财了，但是接下来就会遇到一个很重要的问题，那就是，市场上基金那么多，到底该如何选择？据不完全统计，目前市场上已发行的基金总数将近1000只。到底怎样才能在市场上选择出适合自己的基金呢？做好这个选择的前提，就是要学会分辨基金的不同分类，所以对于基金投资者来说，首先得明确基金的分类及特点，才能选择最合适自己的那只基金。

常常有朋友问我，为什么某只基金的业绩会比另一只好？其实，投资者若仔细分析基金的招募说明书，会发现基金的业绩很大程度上取决于其仓位和可投资股票的规定。两只基金产品特征不同，业绩自然有差异，不能直接比较，而产品特征是基金投资收益的决定因素。

基金的分类，根据不同的分类标准，有不同的分类结果，最常见的分类，就是根据投资对象的不同，可以将基金分成股票基金、混合基金、债券基金、货币基金四大类。

股票型基金是指以股票为主要投资对象的基金。股票基金在各类基金中历史最为悠久，也是各国广泛采用的一种基金类型。根据证监会的分类标准，要求其基金资产至少60%投资于股票市场，股票型基金的特点是高收益高风险，在牛市的时候收益会很高，而在熊市的时候下跌同样很快，适合风险承受能力较强的投资者。像在2006～2007年的大牛市中，股票基金的收益就实现了平均翻番的佳绩，受非常多的基金投资者所追捧。

混合型基金，就是以债券和股票两个市场为投资对象，证监会对两个市场投资比例没有规定，可以由基金经理根据市场情况来调配比例，通过在不同资产类别上的投资，实现收益与风险之间的平衡。比如说一个基金的60%投资于股市，40%投资于债券，由于股市未来向好，基金经理可以将股票的比例调整至80%，债券的比例下降到20%。混合型基金的特点就是收益和风险适中，可以做到攻守兼备。牛市的时候，收益比不上股票基金，但熊市的时候，由于投资更加灵活，往往可以做得比股票基金更加优秀。混合基金的风险低于股票基金，预期收益则要高于债券基金，适合较为保守的投资者。

债券型基金，主要以债券为投资对象。证监会规定其基金资产需要80%以上的比例投资于债券市场当中。根据投资范围的角度分类，还可以进一步将债券基金分成纯债券基金、一级债券基金和二级债券基金。债券基金的波动性通常要小于股票基金，是收益风险适中的投资工具，适合追求稳定收入的投资者。在2008年及2012年，债券基金都取得了不俗的成绩，业绩优秀的债券基金收益在实现了10%以上的收益。

货币基金以短期货币市场工具为投资对象。如国债、央行票据、商业票据、银行定期存单、政府短期债券、企业债券（信用等级较高）、同业存款等短期有价证券。货币市场基金具有本金安全、流动性好的特点，其收益率一般要高于银行一年期定期存款，同时，买卖方便，资金到账时间短，一般基金赎回两三天资金就可以到账。适合于厌恶风险，对资产安全性要求较高的投资者进行短期投资。所以，它非常适合作为应急用活期存款的替代。

基金的业绩与基金的分类密切相关。通常来讲，在牛市时，股票型基金表现最好，像2006年和2007年的大牛市，股票型基金普遍收益都非常高，但到了熊市，则是债券型基金称王，像2008年和今年的表现，股票基金几乎全面亏损，但是债券基金都取得不俗的回报，而混合型基金表现则较为中庸，在震荡市中，表现通常较为理想。

很多偏好基金投资的朋友，经常都会问我哪个基金好，给我推荐一个。其实，买基金跟买鞋子一样，不是挑选我们觉得最好看的鞋，而是最适合我们的鞋。基金也是一样的道理，我们应该购买最适合我们投资风格的优秀基金。投资者需要根据自己的实际情况，选择自己需要的基金品种。就好像喜欢穿运动鞋的人，不能买了皮鞋抱怨自己的皮鞋没有运动鞋舒服，鞋可以分为皮鞋、运动鞋、凉鞋、拖鞋等等，基金也一样有不同的分类，需要找到最适合自己的基金种类，而不是找市场上最好的基金，因此只买最适合的，不买最好的。

选择基金，首先要仔细阅读基金契约、招募说明书或公开说明书等文件，并从报纸、销售网点公告或网站等正规途径，了解基金的相关信息，以便真实全面地了解基金和基金管理公司的收益、风险及以往业绩等情况。

对于如何选择最适合自己的基金，可以遵循以下几个步骤。

第一，选择公司和团队。选择基金，首先选择的是基金公司。

考察一家公司首先要看基金公司的股东背景、公司实力、企业文化以及市场形象，同时还要进一步考察公司治理结构，内部风险控制，信息披露制度，是否注重投资者教育等。其次要考察管理团队，主要看团队中人员的素质，投资团队实力以及投资绩效。

第二，看基金公司旗下整体基金的业绩表现。一般基金公司旗下会有很多只基金，要先看旗下基金的整体表现，再看其明星基金的表现。有些基金公司只有1只基金表现好，其他都比较差，这样的基金不能选，应该选整体基金表现都不错，有1～2只明星基金表现突出的基金公司。还有，看基金公司的业绩，应该更注重中长期的表现，3年或5年业绩表现更具参考性，还有其业绩的稳定性要高，业绩起伏尽可能小点的那种基金。最近几年，当年的冠军基金在第二年的表现都不理想，所以看业绩表现不能只看当年的表现，应看中长期表现及稳定性如何，如2010年排名第一的基金华商盛世基金，在2011年的表现是排名在100名开外。如果你去银行购买基金，很容易就会得到客户经理的推荐，建议你买当年排名最好的几只基金，因此，基金投资者应该明白，业绩排名前五的基金未必是你投资的最佳选择。原因就在于年度基金排名的更迭比较频繁，事实上，如果仔细留意历年的基金年底排名，你会发现，每年排名前十的基金都不尽相同。

第三，应该看重基金公司的整体服务水平。首先看基金公司的网上平台如何，购买与查询是否足够方便，提供的相关资讯是否足够丰富实用。另外一个关键就是，旗下不同基金间转换是否方便，是否免费或足够优惠，基金转换是一个非常重要的功能，它有两个作用：第一，可以降低你的操作成本和时间限制。比如说你需要将一只基金转换成另外一只基金，通常操作是，你先将这只基金赎回，然后再重新购买另外一只基金，这样一来一回，成本就是赎回费0.5%加申购费1.5%，时间是赎回T+4，申购T+1，加起来至少得5～6天，而如果有支持转换这一功能，直接操作，费用成本将大幅降低甚至免费，另外时间也只需要2～3天。最后，就是售后服务方面，针对你购买的基金，给你邮寄的季度报、半年报、年报等资料是否有足够的信息让你了解该基金运作情况、对未来市场的预判等关键因素。

结合以上三个方面，就可以选择出好的基金公司，然后再选择适合自己的单只基金了。在选择单只基金品种时，需要结合基金的投资目标、投资对象、风险水平是否与个人目标相符。比如说投资目标，每个人因年龄、收入、家庭状况的不同而具有不同的投资目标。一般而言，年轻人适合选择风险较高的基金，而即将退休的人适合选择风险较低的基金。概况来说，是否选择一只基金，应该主要看其投资理念及风格，基金经理的投资水平，过往业绩表现能很好地反映其投资水平。另外一个非常重要的就是，在购买基金前，一定要了解自己的风险承受能力，如果愿意也能承受较大短期波动风险的，可以考虑选择股票基金；如果承受风险能力和意愿属于中等的，可以选择混合型基金、高收益的二级债券基金等；若只能承受非常小的亏损风险的，纯债券基金和保本基金就是不错的选择。其实，一只真正好的基金，应该是做到熊市跌得少，牛市跑得好。在熊市完全不亏损的基金少之又少，或者说亏损少的已经不易，对投资风险厌恶的基金经理或许值得投资者关注。

综上所述，选择基金的大体思路是，在了解不同基金公司和单只基金的情况之后，选择一家最优质的基金公司，然后挑选出最有实力，而且投资理念及风格适合自己的基金经理，结合其过往中长期业绩，再选择业绩持续优秀的基金，同时此基金的风险是在你承受范围之内的，那么，这样的一只基金一定是最适合你的了。

✂ 基金大不同

其实，除了以上给大家介绍的股票基金、混合基金、债券基金、货币基金外，还有一些比较特殊的基金类别，在此也跟大家一一做些分享。市面上比较常见的特殊类基金有保本基金、指数基金、生命周期基金、QDII等。下面就逐一来跟大家介绍。

保本基金

所谓保本基金，是指在基金产品的一个保本周期内（基金一般设定了一定期限的锁定期，在中国一般是3年，在国外甚至达到了7年至12年），投资者可以拿回原始投入本金，但若提前赎回，将不享受优待。这类基金对于风险承受能力比较弱的投资者或是在未来股市走势不确定的情形下，是一个很好的投资品种，既可以保障所投资本金的安全，又可以参与股市上涨的获利，具有其特定的优势。保本基金的核心理念就是用大部分资金投入债券以获得稳定的现金收入，再用这些现金收入加上小比例本金投资于股票，以提升组合的整体收益。一般来讲，股票投资的上限为30%~40%。保本基金的最大特点是其招募说明书中明确规定相关的担保条款，即在满足一定的持有期限后，为投资人提供本金或收益的保障。

保本基金起源于20世纪80年代中期的美国，我国第一只保本基金"南方避险"成立于2003年6月27日，目前我国市场上的保本基金已有十几只。

从历史业绩来看，保本基金具有较强的抗风险能力。在股市熊市时期，保本基金基本都能跑赢大盘，像在2005年，上证指数全年下跌了8.33%，而保本基金的整体业绩却上升了9.27%；在2010年，上证指数全年下跌了14.31%，而保本基金的整体业绩又小幅上涨了4.37%。同样，在牛市时期，保本基金也有不俗的表现，在2006年、2007年和2009年分别取得了64.4%、64.95%和13.90%的整体收益。其实，这些不俗的成绩都归功于其债券与股票组合投资的策略，可以做到进可攻退可守。

然而，保本基金并非只有好处，没有不足，在购买保本基金前，需要清楚以下几点：

第一，积极投资能力强的基金公司更值得关注。保本基金的超额收益来主要取决于风险投资部分的比例及运作收益，所以应选择综合投研实力强、选股能力强的基金公司旗下产品。在保本的基础上，积极投资能力强的基金公司则有望为投资者带来更高的额外收益。

第二，保本更全面的产品更值得关注。目前市场上的保本基金其实保本范围并不一致，如有些是对认购净金额实行保本，有些则除了认购净金额外还对认购费用实行保本，一般来说，后者更值得关注。汇添富保本基金不仅为认购并持有3年到期的投资者提供了本金保证，也提供了认购费的保本。

第三，对基金公司的品牌和基金经理管理能力要细加甄别。在保本投资策略中，风险资产乘数的确定是操作中的关键环节之一。在保本策略允许的范围内，风险放大乘数的设定水平反映了基金公司的主动投资能力，所以在选择保本基金时，对基金公司的品牌和基金经理管理能力的甄别尤为关键。

第四，保本基金只对在募集期内认购，并且持有保本周期到期的基金资产提供保本承诺。如果投资者中途因急需资金赎回基金，投资本金是享受不到保本的，就好比提前支取定期存款存款利率只能按照活期计算，所以投资者对资金使用要有提前考量。

第五，过程不代表结果，收益率波动不要慌。各保本基金一般都能够达到在约定保本期限内的保本效果，但无法保证在任意投资期间内均能保本。当风险资产价格出现大幅下跌时，保本基金的区间收益率也可能为负值。当然，只要是严格按照保本基金风控要求和CPPI策略操作，保本到期时仍能获得保本。所以，过程不代表结果，这点投资者要纳入考虑范围。

另外，由于保本基金是属于低风险产品，对于三类人群会是比较不错的选择，一是希望不承担大的风险，通过保本基金能够跑赢CPI、跑赢存款利息的投资者；二是资产配置能力弱的投资者；三是中老年投资者，保本基金更适合他们。

指数基金

很多基民，在这几年都有赚指数不赚钱的投资经验，而选择指数基金，可以让你赚指数又赚钱。

当一名年轻的投资者向股神巴菲特请教投资建议时，巴菲特说："我会把资金用来购买低成本的指数型基金。除非我是在大牛市期间购买，否则我有信心它表现更好。"有研究者称，巴菲特在6年时间里8次推荐了指数基金。

巴菲特为什么会如此积极地推荐指数基金？

研究表明，在一个宏观经济向好的市场上，长期来看，指数基金战胜主动型股票基金是大概率事件。据美国晨星资讯的研究，1985年至2005年的20年里，美国共同基金的年平均收益水平只有3.9%，而标准普尔500指数同期增长率为11.9%。长期数据显示，指数基金能够战胜七成以上的主动型基金。

不仅国外市场，中国市场也呈现出同样的状况。在2006、2007年的那一波大牛市中，能够战胜指数基金收益率的主动型基金不到20%。根据银河证券数据，2006年和2007年指数基金平均收益率分别为125.87%和141.45%，远超其他产品成为最赚钱基金品种。

中国股市的成长型特色，甚至使A股指数的表现更加惊人。截至2009年5月15日，上证指数成立19年间的收益率高达2645%，是全球同期涨幅最高的指数，也是全球同期最赚钱的指数。指数基金毫无疑问是投资者分享中国经济增长最便捷的途径。

成本优势突出

巴菲特推荐指数基金时，突出强调指数基金的优势是"低成本"。

实际上，作为股票仓位要求在95%以上的基金，指数基金相当于一种高仓位的股票型基金。但是指数基金的被动投资模式，使得指数基金的管理费用比股票型基金"经济"许多。一般主动式管理基金的管理费为1.5%，托管费为0.25%；而国内指数基金的管理费率介于0.5%～1.3%之间，托管费率则在0.1%～0.25%之间，相对于主动管理的基金，指数基金每年可以节省1%左右的管理成本。

从上一轮牛市开始，大批老牌明星基金经理纷纷转投私募阵营，一些基金公司也把实力派基金经理抽调出来布局专户理财产品，这意味着投资者如果想把钱托付给自己信任的、有经验的"老字号"基金经理，可能还得付出20%左右的绩效提成费用。相比之下，指数基金可能更有一种事半功倍的效果。

指数基金的成本优势还体现在一些指数型的ETF产品上。被称为"交易型开放式指数基金"的ETF产品，与普通的开放式基金只能按照股市收盘后的基金净值进行申购赎回不同，投资者可以在交易时间内随时按照市价买卖ETF，由于交易所每15秒钟显示一次净值估值，投资者可以盘中指数涨跌时在二级市场及时进行交易。比如在去年股指大跌的时候，投资者如果判断形势不妙，当即可以止损退出，而不必以收市后的净值成交。因此，这种交易方式类似于股票，但投资者买卖ETF不需交纳印花税，ETF基金分红也不需要交纳所得税，投资成本显然较投资股票更低。

怎样选择合适的指数基金

今年以来，指数基金尤其是ETF产品全面扩军，许多细分产品纷纷出笼，给投资者提供了更多的投资机会。学习选择合适的指数基金将是投资者资产配置的一项必修课。

首先，在投资领域上，一些跨境ETF产品快速推出，使得国内投资者可以通过指数基金投资海外市场，而海外资金也可以通过ETF投资A股市场。

继多家基金公司获得开发美国股市的相关指数产品的权利之后，香港有消息称，华夏基金已提出在上海交易所推港股ETF的申请，届时，内地投资者将可以透过ETF投资港股。

即便是在A股市场上，随着各种差异化的指数产品的推出，投资者也可以有更多的选择，通过各种不同风格的指数基金进行资产配置。

例如，上证50指数中金融行业占到55%，看好金融板块的投资者可以通过购买上证50或者沪深300指数进行风格转换。又如，深证100指数则以房地产、金属冶炼、消费品和商业服务等多行业占相对主导地位，最大行业所占权重约为17%，分布相对均衡；汇添富基金推出的上证综指基金也是以风格均衡为主要卖点。

同时，今年市场上还首次出现了一些主题指数基金，如工银瑞信基金公司正在开发的以上证央企指数为投资标的的上证央企ETF，就是以覆盖军工、航天、电信、机场、能源、运输、金融等关系国计民生的支柱行业为主要特色。

选择适当的投资时点

如果说在去年的熊市环境下，当指数型基金在基金排行榜上"垄断"榜尾位置时，投资指数基金无异于"自讨苦吃"，那么，在如今股指反弹已超过60%，指数基金扎堆于排行榜前列时，再投资于指数型基金是否有"追涨"的嫌疑呢？

巴菲特在推荐指数基金时也强调："除非我是在大牛市期间购买，否则我有信心它表现更好。"这意味着大牛市期间的狂热气氛里并不适合投资指数基金，熊市往往是买指数基金的更好时机。

立足中国经济的实际，汇添富上证综合指数基金的拟任基金经理何仁科分析认为，从长期趋势看，中国经济长期增长的潜力依然强劲。另外，从第二次世界大战以后11次大危机之后道琼斯指数表现可以看到，每次危机结束一年以后，道琼斯指数平均增长25.8%，2年以后平均增长37.5%。世界金融危机发生以后，后面可能机会越多。显然，他认为当前仍然是投资指数基金的适当时机。

🎀 基金配置策略

在了解到那么多基金种类以后，是不是很想选择一只最适合自己的基金作为投资对象？然而，面对这么多的基金选择，还有市场的变化不定，到底该用怎样的一种策略来投资基金呢？是不是选择一只适合自己的优秀基金就能在牛熊市的周期转换中全身而退呢？答案是否定的，投资基金和我们之前提的全盘理财策略一样，需要要资产配置的眼光来配置一个最适合自己，又能长期跑远市场的组合，当然这个组合不是一成不变，需要定期的评估与转换的。那么，现在市场上都有哪些基金配置策略呢？

所谓"核心—卫星策略"，就是选取波动性较低、稳健获利的投资工具，如指数基金、债券基金、保本型基金等作为核心投资组合。核心投资通常采用被动管理，另外选取成长型股票基金、全球股票型基金、能源基金等作为卫星投资组合。核心—卫星策略基金给投资者提供了攻守兼备的机会：即在市场上涨时，分享卫星投资的优异表现；在市场波动时，通过核心投资的稳健表现，降低可能产生的亏损程度。

下面，我通过一个真实案例来跟大家分享"核心—卫星策略"的具体操作。

朋友张先生在一家国企公司上班，今年30岁，月收入1万，妻子月收入8000，加上房贷和养车费用，家庭月总支出1万。年底奖金有

10万，存款2万，小孩今年1岁，压岁钱5000，就他的年终奖、家庭月结余、银行闲钱、小孩压岁钱的安排，让我帮他制定一定投资理财计划。我的建议是用"核心—卫星策略"进行资产配置。

首先，安排好家庭的生活应急备用金，每月支出1万，因为收入稳定，因此准备3个支出3万即可，从年底奖金中拿出1万加上存款2万便足矣。其中这3万可以分为两部分，其中1万放银行存活期，另外2万可以购买货币基金，具有高安全性、高流动性、稳定收益性，具有"准储蓄"的特征，而且没有任何手续费。

由于张先生属于积极稳健型投资风格，可按六四比例进行核心—卫星配置，建议配置国投瑞银融华债券基金作为核心投资，即拿5.4万配置瑞银融华，因为此基金是长期稳健的五星级债券基金，适合做核心基金配置，另外的3.6万卫星投资，可以选择长期稳健的成长型股票基金，像兴全全球视野、东方策略成长，都是具有非常不错表现的五星级基金建议组合形式，各投资50%的比例，这样可以通过投资组合降低风险。

另外考虑到张先生家庭有月结余8000元，建议拿出5000元来做基金定投，按照六四比进行核心—卫星配置，即3000元定投瑞银融华，另外将1000元定投兴全全球视野，1000元定投东方策略成长，按照10%的组合预期年化收益率，整个基金配置15年后将会有200万，能非常好地解决其子女高等教育金和夫妇俩的退休养老问题。

此外，小孩的压岁钱5000元，可以帮它单独开立一个基金账户，作为培养小孩财商和基本理财能力的基金账户。因为财商需要从娃娃抓起，等他懂事时可以告诉他这个账户里的所有钱都是它每年的压岁钱，在适当时候会交回给他自己打理，可以作为以后自己的兴趣培养基金，甚至可以作为高等教育金的有效补充。

按以上的基金配置组合策略，能很好地在未来实现长期稳健的收益，同时能通过组合降低整体风险，让组合做到攻守兼备，另外，也能很好地将张先生家庭的年终奖、闲钱、压岁钱有效使用，解决未来的退休养老和子女教育金难题，从容面对未来的生活。

下面，我将跟大家分享一下债券基金在配置策略中的重要作用。

由于债券基金的预期收益低于股票型基金和混合型基金，因此被很多投资者认为是"鸡肋"。他们认为，从长期资本增值的角度来看，债券类资产收益低于股票，因此长期投资者应该尽量投资股票基金。其实，不同的人会有不同的看法，对于那些风险承受能力强、希望获取高收益的激进型投资者，尽可能多地持有股票应该是最佳选择；而对于风险承受能力一般的投资者，从组合管理的角度出发，仍需配置一定比例的债券基金，降低投资组合整体的收益波动。我认为，作为资产组合中的"稳定器"，债券基金仍是一种重要的战略配置品种。

数据显示，近六年上证综合指数累计收益率为80.8%，远高于中债总财富指数22.3%的收益率。可见，长期来看，股票收益高于债券收益。但如果我们将观察期缩短，就可以发现，在此期间股票市场的收益波动非常剧烈。如果股市发生大幅调整，股票投资者极有可能因恐惧而撤出资金，反而没有达到长期投资的效果。

一般情况下，债券投资收益和股票投资收益之间都会呈现出比较明显的"跷跷板效应"。这在2008年、2010年、2012年非常明显，股市出现熊市时，往往债券表现都不错，一些优秀的债券基金甚至能超过10%。如果投资者能够在股票资产和债券资产之间进行合理配比，则可以有效地降低投资组合整体的收益波动，获取长期收益。

也许有人会问："如果投资者认为短期内债券收益会高于股票收益，为什么不直接购买债券？因为从长期来看，债券基金的收益并不比单个债券更好，而购买债券基金还要支付昂贵的各种费用。"笔者认为，相对于投资单一债券来说，债券基金还有其他优势。

债券基金是个人投资者间接参与银行间债券市场的良好途径。我国债券市场分为银行间债券市场和交易所债券市场，两个市场的交易方式和参与者都存在着显著的差异。银行间债券市场参与者以询价方式与自己选定的交易对手逐笔达成交易，其参与者包括商业银行、农村信用联社、保险公司、证券公司、债券基金等金融机构，而个人投资者则不能参与。交易所进行的债券交易与股票交易一样，是由众多投资者共同竞价并经计算机撮合成交的，个人投资者也可以参与。随着银行间债券市场规模的急剧扩张，其在我国债券市场的份额和影响力不断扩大。就我国债券市场现状来看，银行间债券市场无论从债券交易种类，还是从流动性来看，都比交易所债券市场有更大优势，银行间债券市场的交易额占债券成交总额的90%以上，已成为债券交易的主要场所。普通投资者无资格参与银行间市场交易，而且债券的条款和规则相对复杂，普通投资者难以识别和控制风险。因此，对于个人投资者来说，除了在交易所直接买卖债券之外，还可以通过债券型基金进行投资，间接参与银行间债券市场，获取债券投资收益。

债券基金可以分散单一债券的信用风险。单一债券的信用风险比较集中，而债券基金通过分散投资可以有效避免单一债券可能面临的较高信用风险。如果资金有限，而又想通过分散投资降低单一债券风险，那么投资债券基金则不失为一种简单而有效的方法。

债券基金是投资者管理流动性的良好工具。众所周知，债券投资者若想提前变现，则需要通过银行间债券市场或二级市场交易才能卖出债券。然而，场内交易的债券有时会出现卖不出去的情况，或用极少的买单或卖单就将其价格推至涨、跌停位置，交易极不活跃，成交价格严重偏离公允价值。在这种情况下，如果债券投资者想将尽快变现，则需要承担一定的损失。

对于债券基金的投资者来说，则可以在任意开放日按照净值减去适用费用的价格赎回基金份额，免遭流动性风险。

根据发行主体的不同，我国债券主要分为利率债券和信用债券两大类。利率债券信用等级较高，投资风险以利率风险为主，信用债券的信用等级较低，投资风险包括利率风险和信用风险。因此，投资者在分析未来债券市场走势的时候，要将利率债券市场和信用债市场区分开来。由于信用债存在违约风险，因此信用债的收益率要比利率债券的收益率高，高出的部分就是所谓的信用利差。换言之，信用债收益率的变化取决于"基准利率变化"及"信用利差变化"的双重影响。影响信用利差的因素主要包括宏观经济和信用评级。在经济衰退期或者信用评级被调低时，信用利差明显放大，信用债价格下跌。因此，宏观经济对信用债的影响可能是正面的，也可能是负面的，投资者要根据当时的实际情况具体分析。

相对于投资单一债券来说，投资债券基金在参与途径、分散风险以及流动性管理等方面具有诸多优势，这也一定程度地解释了海外债券基金（以及养老基金）的管理规模为何如此庞大。当经济增速放缓、通胀回落、货币政策开始放松时，利率债券收益率会逐步降低，利好利率产品。对于信用产品来说，则要考虑"基准利率下降"以及"由于违约风险上升带来的信用利差扩大"的双重影响。投资者要摆脱"股市不好的时候才投资债券基金"的误区，因为除了获取投资回报之外，债券基金还具有分散组合整体风险的重要作用，更何况没有人能准确地预测未来股票市场和债券市场的走势。

因此，我们在购买基金的时候，需要用组合投资的策略，将风险较高的股票型和混合型基金与债券型基金进行合理的配置，也可以参考核心—卫星策略来配置，让你的整体资产配置更加平衡，收益更加稳健。

此外，环球基金配置策略可以让收益更稳健，近几年国内A股表现不理想，导致很多基金也不尽如人意，如果能用全球配置的眼光来配置基金组合，将会得到更加让人满意的结果。

✤ 基金定投的奥妙

基金从来不是专属于某一个年龄阶段的投资工具，但是在我和投资者的交流中，却发现中老年投资者对基金抱有更大的热情和积极性，对于基金的了解也更加深厚。相比而言，许多年轻白领却"置身事外"。

最近一年的时间里，我和公司经常到企业内部去举办理财讲座，前来参加的大多为年轻白领，通过现场交流和问卷调查，发现有不少人从未接触过基金。从调查结果来看，白领疏远基金的原因主要是：对股市没有信心、工作繁忙、不懂投资及无财可理。

第一种情况的人大多有过炒股的经验，在前几年的熊市里赔过钱，"一朝被蛇咬，十年怕井绳"，有的人至今念念不忘"远离毒品、远离股市"的教训，将股市看作赌场。

第二种情况的人不在少数，这其中有的人认为自己白天工作过于繁忙，实在无暇顾及投资；有的人则认为依靠自己的努力工作挣钱是"正道"，依靠股票基金发财是"旁门左道"。

第三种情况的人并没有刻意远离基金，但是把基金看成一种高深莫测的工具，认为只有专业人士才能投资。当面对诸如申购、赎回、封闭式基金、开放式基金等专业字眼时，他们也觉得一头雾水，无从下手。

第四种情况分两类：一类为时下颇为常见的月光族，这个群体注重现时消费，认为钱是用来消费不是用来储蓄的，并且对于信用卡消费有着某种依赖；还有一类人已经将自己的大部分积蓄投入了房产，每个月还有不小的还贷压力，所以能用来投资的闲钱不多。

有没有什么投资方法能够兼顾上述四种情况？我认为有，那就是基金定投。

从某种程度上说，基金定投似乎是专门为年轻白领设计出的投资方式。众所周知，定投就是每月定期定额自动投资基金，这种方法具有分散风险、门槛低、省时省心、流动性高的特点。

而在我接触的一些基民当中，有一部分人把基金投资当作跟炒股票一样的方式来操作，就是追求"低买高卖"，总是频繁操作，总想买最低净值的基金，在最高净值处卖掉基金。我的一个客户黄先生，当我跟他提到基金时，他就跟我抱怨说"以前买股票老亏钱，后来自己买了基金不是照样亏钱，基金都是骗人的，信不过，还不如自己买股票好了，亏了也认了。"其实，黄先生投资基金的亏损的原因，就是在于太"勤劳"，总是期待"低买高卖"，结果在频繁操作中迷失了自己，毕竟没人能能够完全准确预测股市的未来趋势。

相比黄先生的"积极投资"，我的另一个客户朱小姐喜欢"被动投资"，其中"定投"更是其推崇的"懒人投资法则"。

股市反复无常，要捕捉最佳买卖点，通过"低买高卖"赚取可观回报，实非易事。即使是具备专业知识及投入大量时间紧跟市场变化的投资者，亦未必能准确捕捉最佳入市时间。要谨慎投资，"定投"是种不错的策略。

那么，到底什么是基金定投呢？它又有什么奥妙呢？

"基金定投"是指投资者每月在固定时间，以固定金额申购开放式基金的投资行为。由于每期投入金额相同，基金定投具有逢低购买更多份额，逢高购买较少份额的特点。定投的原则，就是利用时间，使股市的波动尽量平缓化，从而取得尽量平均的成本，毕竟从长远来看，股指应该是螺旋式上涨的。

有些客户朋友在了解到基金定投之后，就会跑来问我，有2个问题问得比较普遍，基金定投好不好，我想定投基金，你觉得哪只好。在这里，我就跟大家分享一下基金定投的好处及真正魅力所在。

根据我的理解，基金定投不仅仅是像字面含义那么简单的，其实它不仅仅是一种投资方式，更是代表着一种投资理念。什么投资理念？就是希望利用投资的长期性，严格的投资纪律（定时定额），以及经过严格筛选过的投资产品来战胜波动，赢得一个比较平均的收益。凡是遵照这个理念的基金投资，都可以算基金定投。

基金定投主要是和一次性基金投资做区别。

基金定投和一次性基金投资的区别

两者相比一个是分散投入，一个是集中投入。基金定投主要是可以分散风险，降低成本，不需要有太专业的能力。而集中投资则需要对市场有很好的判断能力。相对而说，集中投资风险比基金定投高，如果市场超出自己的预计下跌，则可能会短期出现基金被套牢的情况。风险和收益是相匹配的，当然，如果判断准确，集中投资的收益会高。在牛市里，如果手上有一大笔资金，建议还是按照一次性投资的方式，找准目标点进行投资，可以获得较高的收益。

基金定投的威力

常有朋友会说，什么，每个月才定投2000，那投一年才24000，你投个3～5年，那么长时间，也没多少效益的，定投没意思。这种看法大错特错了，基金定投的威力，就是来自于经济学上我们所说的世界第八大奇迹——复利效益。复利+时间=金钱。

一个简单的计算，如果按每月2000元去定投一只基金，时间为5年，年均收益率为10%，则5年后可以获得154874元。你投入的本金为120000元，收益率为29%。看似不多，那么10年后呢，你可以获得409690元，你投入的本金为240000元，收益率为70%。那么15年后呢，你可以获得828941元，你投入的本金为360000元，收益率为130%！那么20年呢，你可以获得1518738元，你投入的本金为480000元，收益率为216%！那如果我们能提高收益率到20%，则20年后，你将可以获得6219304元，收益率为1195%！！！

由上面的计算可以看见，基金定投是个长期性的投资，威力在5年以上开始显现，时间越长，复利积累效果越强，收益越可观。

基金定投的独特作用

第一，有效利用零散资金，提高资金利用率，聚沙成塔。

一般人在平时除了大笔的投资外，总有些小额的资金，好比500~1000之类的，一时是用不上的。等资金凑到1万的话，期间又要花费不少时间，赚的是活期利息，实在太少。基金定投可以让你把这部分零散资金也有效利用起来，聚沙成塔，等日后你要动用的时候，发现会成为一笔不小的财富。

第二，基金定投，可以起到强迫储蓄的作用。

利用银行或基金公司的代扣功能，可以很方便实现定期自动定额扣款。对于那些每个月不记账，很容易花费过度的人来说，积累财产的很好的一个办法就是基金定投。好比把日期设为自己发工资之后的一天，那发下来工资就自动扣款，强迫自己储蓄。

第三，基金定投可以有效地摊薄成本，降低风险。

股票市场的波动往往是非常大的，风险也很大。通过基金定投，在定时定额的买入，可以有效地降低成本和风险。

举个例子。好比你投一个基金，已经投了5期，分别是在1.0、0.8、0.7、0.5、1.0时候买入，金额为每次定投1000元。那么你的成本是多少呢？根据计算可以得到，你每份成本为0.8，市值为5342元。而如果采用一次性投资，一开始就投资5000元，则最后还是只有5000元的市值。可见，基金定投的话，由于不管股市是跌是涨，都固定投资，在下跌时候可以买入更多的份额，在上涨时候买入少的份额，从而自动摊薄成本。而这种情况呢，当股市波动幅度较大的时候，更是能摊薄成本。因此基金定投可以有效地抗击股市波动的风险。好比当买入5期的价格为1.0、0.8、0.5、0.9、0.7的时候，到期你的成本为0.78每份，市值为5295。而一次性投入5000元的话市值只为3500元。所以这就揭示了一个道理，基金定投更适合的是波动较大的基金，基金的波动越大，降低成本和风险的优势越明显，对应收益也越高。对于波动较小的基金，则不建议采用这种投资方式。

基金定投的收益到底如何，下面我们通过一个具体例子来说明。

举个例子，假如你从2001年6月30日到2006年6月30日这段时间进行统计。这样选择的原因是：2001年6月A股市场正处于5年前的最高点，这段时间A股历史上最漫长的熊市，我们可以看看即使在这样一个熊市来临之前开始基金定投计划时，会有怎样一个结果。假设某投资者在2001年6月30日开始其定投计划，在每月最后一个交易日投资1000元申购某只基金（由于当时国内还没有开放式基金，假设可以像开放式基金一样按单位净值进行申购），到2006年6月30日投资满5年时，统计情况显示，以定投方式投资任何一只封闭式基金，均可以获得不俗收益。收益率最低为19.16%（相当于年回报3.57%），最高的达89.085%（相当于年回报13.59%），平均水平可达44%（相当于年回报7.6%），这就是基金定投的魅力所在，只要你投资时间足够长，就算遇上熊市的大环境，一样可以赚钱。

有很多朋友在做了基金定投之后，都抱怨现在是亏损的状态，问我到底要不要把它停掉，赎回基金份额。对于这个问题，就是熊市中放弃定投应不应该？

本人在2006～2009年间就为自己做了一个基金定投计划，每月定投2000元，选择了一只股票型基金——易方达策略成长，坚持了3年多下来，总体收益是35%左右，期间经历了牛市和熊市的变换，对于很多人来看，一般都会在2008年大熊市，市场最悲观的时候，停止基金定投计划，把它赎回来，而我却恰恰相反，在2008年里几次临时增加了投资金额，因为我深知此时能购买更多便宜的基金份额，到了2009年，股市回升，我的选择让自己得到了更大的回报。

因此，熊市放弃定投大错特错，不能放弃摊薄投资成本的机会，尽可能在相对的低位获得更多的筹码，时间才是定投成功的核心。在熊市的时候，你的基金定投计划一定要坚持住，定投不会产生超额收益，其主要作用是使得投资者保持冷静，能够在市场低点获得必要的筹码，在市场高点不盲目追加，进而降低风险，获取市场长期向上带来的收益。

一般来说，定投周期需要定得较长，而且必须是跨周期的定投，所以不存在熊市中是否坚持定投的问题。股市进入熊市，定投出现阶段性亏损是正常的，许多投资者在亏损逐渐加大时考虑终止定投，这是最不合适的，因为恰恰在熊市底部定投的亏损最大。如果在熊市中开始定投，不妨选择那些弹性较大的基金，当然，你所选择基金的跨周期业绩优秀是必需的标准。定投特点在于，一定的资金投入，高点买的基金份额少，低点买的基金份额多，这样才能有效摊薄成本。因此，若在市场低位放弃定投，等于放弃了摊薄投资成本的机会。所以，定投应该做到"深挖洞"，即尽可能在相对的低位获得更多的筹码，所以越是在市场下跌的过程中，越是应该坚持定投，而不是在这个时候终止定投。甚至应该反其道行之，当市场跌到一定的低位，应该增加定投的额度，在低位买到更便宜的基金份额。其实，买基金就好比买青菜一样，便宜的时候就应该多买，青菜便宜的时候，你应该感到开心才对，同理，基金下跌的时候，你应该感到高兴，因为有机会购买更便宜的单位，从而有更多的份额。然而，多数基民的心情是相反的，这种情况值得我们反思，需要在这种时候保持冷静以及耐心，这样才能让基金定投发挥出最大的威力。

相对于债券基金，股票型基金波动较大，更适合用定投来均衡成本和风险。在结构性行情中，主动管理的股票型基金表现往往好于指数。据统计，从2009年2月3日到2012年9月26日，伴随沪指三年半涨幅为0，纳入统计的281只开放式主动投资偏股基金的规模加权平均净值增长为18.83%，明显超越上证指数，更有16只基金取得了50%以上的正回报。基金定投因为是以"时间换空间"，更应该选择长期业绩稳定优胜的基金产品。

因此，只要你真正懂得了基金定投的奥妙及威力，就能轻松驾驭投资，让投资变得简单。那么，财富的大门就能会为你打开，让基金定投成为你最有力的投资武器，它应该成为白领理财的首选。

案例6

外企高管轻松实现财务自由梦

王小姐，34岁，未婚，物流外企高管，年收入50万，有房有车，月供2000多，年支出12万，刚刚出售一套投资房产，手头闲钱60多万，喜欢旅游，银行理财产品10万，购买了三份商业保险。

王小姐在抛售了一套房产后，手上有了一笔闲钱，让我给投资建议。经过沟通发现，王小姐一直有一个想法，就是早日实现财务自由，虽然自己是外企高管，收入还不错，但是工作并不自由，自己非常喜欢旅游，希望能通过合理的理财规划，帮她实现真正的财务自由，就是就算不再工作，一样可以过上自己期望的自由和高品质的生活。

其实，财务自由的关键是创造足够多的被动收入，即理财收入，并让它足够覆盖你想过的生活的全部支出。巴菲特说过一句非常经典的话："人生就像滚雪球，重要的是找到很湿的雪和很长的坡。"雪球就是原始资金积累，很湿的雪就是能稳健增值的工具，很长的坡就是足够的时间。因此实现财务自由的关键就是找到能长期稳健的复利增长的平台。

王小姐对未来生活品质的要求比较高，希望每个月能有5万花销，即创造每年60万被动收入。根据王小姐目前的资产及未来收入情况，需要大概10～15年就能实现。在了解完她想要的实现的生活方式及品质要求后，我帮她算出了未来需要创造的财富。在问清楚她目前资产情况及未来可能创造的收入情况后，结合她的风险承受能力，给她指定了一个财务自由的理财方案。通过定投环球基金，每年定投25万，定投15年，预计年化回报10%，这样便能在16年后，每年从账户里提取60万，用于生活的全部需要。到那时，王小姐不需要工作，就能轻松过上自己想要的财务自由，有充足的时间到更多的地方去旅游了。

在保障方面，在三份保险当中，一份终身寿险，保额只有10万，另外两份都是储蓄型分红保单，保额有限。王小姐的情况非常典型，很多人都买了多份保险，但却没有得到足够的保障，毕竟保险的首要作用是保障，其次才是储蓄或投资。因此需要加强寿险保额，再补充一份重大疾病保障，附加意外保险。

综上所述，王小姐只要严格执行基金定投计划，然后加上分红保单，未来就能实现想要的财务自由，当然实现财务自由的基础需要补充足够的风险保障，这样才能无忧未来！

案例总结

财务自由不是梦，只要利用好现在的财务资源，加上未来的可持续收入，再结合一份可行的财务自由理财方案，上班族一样能实现财务自由！

第7章
"万人迷"银行理财产品

　　在全球经济缓慢复苏和中国经济转型之际，在楼市、股市两个最重要的投资渠道受阻后，投资者急需寻找一个既安全又能获得不错收益的渠道。因此，在2011年，随着银行理财产品收益率的水涨船高，加上银行在老百姓心目中无可取代的地位，层出不穷的银行理财产品就受到了大家的追捧，成为2011年的"万人迷"。这两年，身边的朋友都不断问我，怎么看银行理财产品，说自己想购买的话，哪家的理财产品比较好等问题。在这一章中，就让我们一起来了解银行理财产品的相关内容。

🎀 理性看待"万人迷"

　　2011年，银行的短期理财产品成为家喻户晓、人见人爱的"万人迷"了。

　　说它是理财中的"万人迷"一点都不为过。据权威报告显示，2011年我国银行理财产品的发行有明显提速迹象。全年发行数量为22441款，较2010年上涨100.58%；发行规模为16.99万亿元人民币，较2010年增长140.99%。无论是产品发行数量还是产品发行规模，其同比增速均大幅超过2009年和2010年。

　　银行理财产品出现爆发式的增长，主要有两方面原因：一方面是银行为了符合银监会对银行每个阶段的存贷比考核，进行白热化的揽存行动，而发行银行理财产品就是最直接有效的方式。另一方面，存款负利率状况持续而居民投资渠道有限，由于股市、楼市、基金等主要传统投资渠道的惨淡，高通胀之下，在没有更好途径来跑赢通胀的时候，多数保守型投资者就把资金转向更为保守稳健的银行理财产品了。这种供需两方的巨大需求，就为2011年银行理财产品大行其道提供了华丽的剧本基础。

其实，全民都购买银行理财产品的现象，是一种盲目跟风的理财行为，也恰恰反映了目前整个金融理财市场和投资者的不够理性成熟。银行理财产品是一种短期理财的好方式，但并不是适合每个人的理财方式，这种产品更适合那些暂时有闲置资金并在短期内就将使用的投资者，比如小企业主短期的闲置资金，又或者说股民基于股市长假的一种选择。另外，投资者在挑选理财产品时，不能仅以收益率高低论英雄，所有的理财产品所标注的收益率只是预期最高收益率，并非最终的实际收益率，而实际收益率很有可能低于预期收益率。投资者应该充分了解理财产品的投资方向、获利条件、是否保本保收益、投资期限等等，然后再根据自己的资金使用情况、风险承受能力等理性选择，切不可盲目投资。而像一些比较长时间内都是闲置的资金的投资者来说，这种短期的理财方式就未必很合适了。像需要长期规划的养老金和子女教育金等，基金定投会更合适。当然，在目前国内外复杂的经济形势下，作为稳健的投资者，在投资市场还不明朗的情况下，暂时将一部分资金配置银行理财产品，等到投资市场机会比较明显的时候，再转向股票、基金、房地产市场，也不失为一种好策略。

从资产配置的角度看，对于一个家庭来说，全面的理财规划需要将短、中、长期的理财目标进行有效的结合，资产配置可以分为风险型资产、稳健性资产、保本型资产、保障型资产，而银行的理财产品有一部分是属于保本型资产，另外一部分是属于稳健性资产。一个家庭的资金，不能全部配置到银行理财产品，还需要将部分资金配置到风险型资金，像股票、基金、黄金外汇等；部分配置保障型资产，像储蓄型保险、实物黄金等。只有结合自身家庭的收入支出情况、风险承受能力、理财目标等综合因素，才能制定合适的资产配置方案，实现家庭资产长期稳健的增长。

投资者需要注意的是，一定要投资熟悉的行业，因为只有熟悉才能有准确的判断和客观的理解。挂钩信托计划的理财产品与挂钩利率、债券类的理财比较而言，确实风险偏高，但是由于商业银行与信托公司合作发行的信托类理财产品都会选择经营规范、有较好口碑的信托公司做代理，所以理财产品的风险一般都在可控范围内。

其实对于各家银行滥发理财产品揽储，以及所可能造成的高风险隐患，监管层一直进行严查。《商业银行理财产品销售管理办法》规定：不得将理财产品作为存款进行宣传销售，不得违反国家利率管理政策变相高息揽储等。

此外，对于季末年末靠短期理财产品冲时点以缓解揽存压力的行为，银监会下发《关于进一步加强商业银行理财业务风险管理有关问题的通知》（91号文），规定"不得通过发行短期和超短期、高收益的理财产品变相高息揽储，在月末、季末变相调节存贷比等监管指标，进行监管套利；应重点加强对期限在一个月以内的理财产品的信息披露和合规管理，杜绝不符合监管规定的产品。"

然而，各家银行显然并不甘心退出这一市场，屡屡通过打"擦边球"的方式，规避监管。一方面银行采用将1个月期限以下产品越来越多地被设计为滚动式，并将产品募集期拉长的手法。另一方面，则干脆将理财产品期限定为30～40多天。这样不但将理财产品发行期扩大到一月时间之外，也仍能有效地帮助他们在年末季末揽储冲时点。

因此，大家以后需要理性看待这个"万人迷"，不要盲目地成为追星族。

🎀 火热背后的秘密

银行理财产品这么受热捧，一个很重要的原因就是其水涨船高的收益率，一度冲破7%。然而，事实上，在发行的这么多理财产品当中，是不是真的如此之高呢？其背后的真实情况又如何？

一份投资方向和范围含糊其辞的产品你敢买吗？很高的预期收益你会相信它最终能实现吗？投资方向、费用、收益率，对投资者来说，都是非常关键的地方，然而银行理财产品在这些方面却给了投资者一个"雾里看花"，背后有许多秘密等着你去猜。

猜测一：资金投向哪里

投资方向决定了一款产品风险的高低和预期收益率实现概率的大小，但有的银行对于产品的投向较为概括，目标、范围都较为含混，让人琢磨不透。比如，近期异军突起的组合投资类理财产品，在发行量急速增长的同时，组合投资类产品的真面目却模糊不清。

组合投资类产品可投资于包括债券、票据、债券回购、货币市场存拆放交易、信贷资产以及他行理财产品等多种投资品种。经过到各个银行的了解后发现，产品均未透露具体投资的资产和各自的投资比例，但多数会包含类似于"投资于高流动性、本金安全程度高的债券和存款等投资品的比例不低于30%"的条款。这就给银行处理资产的投资带来了很大的空间。

例如，此前工行发售的"步步为赢2号"收益递增型灵活期限个人人民币理财产品，除笼统的产品说明外，仅表示：本期产品所涉及的信贷资产五级分类均为正常类，信托融资项目用款人比照我行评级标准均在A-级（含）以上；拟投资的各类债券主体评级均达到AA级（含）以上。为满足流动性要求，本期产品投资于高流动性、本金安全程度高的债券和存款等投资品的比例不低于30%。

然而，该产品具体投资方向和比例却没有下文。网点销售人员认为工行卖的产品，投资者可以放心，因此没必要知道产品投资方向和范围。

还有，个别银行将投资范围描述得过分宽泛。比如，浦发银行的"个人专项理财产品2010年第九期债券盈计划"，其投资标的是"银行间市场发行的央票、国债、政策性金融债、次级债、短期融资券、中期票据、企业债、债券回购、货币市场拆借等"。对于投资比例的介绍则是"各类资产投资比例为0～100%"。这样的投资比例等于没有说。

资金投向的混沌，使得投资者无从衡量产品的收益及风险情况。中国社科院金融研究所理财产品中心研究员太雷指出："即使理财产品投资失利，银行一般也不会告诉投资者，具体是哪些投资标的导致亏损，这显然侵犯了投资者的知情权。"

这样一来，投资者在购买产品时，只能盲目信任销售银行。值得注意的是，银行理财产品的合同上有很多对银行有利的免责条款,一旦出现风险,银行很可能不承担任何责任。

猜测二:多赚的钱缘何归银行

"浮动型收益产品,收益部分居然只能向下浮动,超额收益的部分全归银行所有!"这就是部分理财产品的真实情况。

经过阅读多家银行的产品说明书,经常会看到类似这样的规定:"扣除我行销售管理费率0.2%及相关的交易费用外,客户可获得预期最高年化收益率2.25%。若理财年化总收益率超过2.55%,其超过部分将作为银行投资管理费用,于到期日从理财收益中一次性提取。"

"我花10万元买了这款理财产品,先得交给银行0.2%的销售管理费,这就得要200元,另外还有交易费用,而且还要把多余的收益给银行。但是亏的钱却得我自己承担!"我的一位客户购买银行理财产品后,告诉我这个情况。

然而,面对投资者提出"单向浮动"的质疑,多数银行网点只是以"银行规定"搪塞过去。而有的银行表示,如果是本行私人银行客户的话,超额收益部分归客户所有。

其实,银行大量发行此类产品是有目的的。之前市场只认为银行发理财产品为了揽储,但从超额收益归银行这件事看,不排除银行利用"霸王条款"大赚中间收入。在我看来,如果银行想拿走本属于客户的超额收益,就应该对客户进行保本,这样产品收益高低都由银行承担才公平。很多时候,银行都处于强势的地位,共享利润,却不用共担风险,这就是银行发行相关理财产品的背后秘密。

因此,像"没收"了超额收益的此类理财产品,投资者应尽量回避。

猜测三：预期收益为何总难实现

有时候，银行给出的预期收益看上去很美，但是要想实现，条件却很苛刻，有些几乎是银行"不可能完成的任务"。但银行人员在介绍时，从来不告诉你这些秘密，也很少会告诉你可能不赚钱或赔钱。

预期收益不能实现，不能排除市场环境和产品设计方面的问题。比如，近期中国银行的"汇聚宝"10055-V（美元）、10056-V（澳元）和"博弈"10034-V（人民币）汇市争锋产品，挂钩美元兑日元即期汇率，汇率期初价格为92.72，在观察期。如果美元兑日元即期汇率高于95.42，则可获得高收益，否则获得低收益。结果，观察期汇率最高值为94.98，因此，3款产品投资年收益率为0.20%、1.00%、0.36%，均未实现预期最高收益。

但你是否注意到"费用吃掉了高收益"？

投资者购买理财产品需要支付的费用，一般有销售服务费、托管费及管理费等。其中，销售服务费是支付给销售机构的，理财资产托管及保管费是支付给托管机构的，而部分理财产品还将收取超过预期年投资收益率的收益，作为理财计划管理人的产品管理费。

要知道，银行理财产品"零收益"或者"负收益"，丝毫不影响银行盈利，因为银行在销售理财产品时说的预期收益率，一般都未扣除它的各种费率，实际结算的时候才扣掉各种费用。

银行宣传理财产品时，都会用预期最高收益率来吸引投资者，实际上这个数字是指在最理想的情况下理财产品所能获得的投资成绩。但是在现实投资环境中，会出现各种各样的风险，预期的最高收益率未必能够最终实现。

日前社会科学院金融学院在对去年银行理财产品进行调查后得出了一条结论：部分银行的部分产品有夸大收益之嫌，从部分银行理财产品的评估结果来看，其收益率远远低于银行公布的预期最高收益率。

所以说，在投资之前，我们一定要明确银行所宣传的收益率从何而来，千万不要被看上去很美的数据所忽悠。由于银监会没有对产品的收费进行明文规定，各银行大多自行定价，导致各个银行的收费标准出现很大差异。部分银行从最高年化收益率直接扣除相关费用。因此，不要被超高的预期收益率迷惑了。要看看收益实现的条件，以及扣除的各种费用，否则很可能白忙活了。

✕ 三分钟学会挑银行理财产品

很多朋友都经常问我如何选择银行理财产品，确实，当你走入银行的时候，各式各样的理财产品让人眼花缭乱，对于一般投资者，理财产品的相关说明也比较难以看懂。那么，投资者在如此繁多的银行理财产品中，到底该如何才能挑选出适合自己的产品呢？

其实，这跟选择基金的道理是一样的，需要对不同银行理财产品的种类及特点有清楚的了解。这样才不会被理财产品的表面收益率所欺骗，真正让自己选择更合适、安心的产品。

从投资标的来分，银行理财产品主要可分为债券类理财产品、信贷类理财产品、结构性理财产品、资产管理类理财产品、其他类理财产品。

债券类理财产品

债券型理财产品是指银行将资金主要投资于货币市场，一般投资于央行票据和企业短期融资券。因为央行票据与企业短期融资券个人无法直接投资，这类人民币理财产品实际上为客户提供了分享货币市场投资收益的机会。债券型产品是早期银行理财产品的唯一品种。

债券类产品是银行理财中最为稳健的产品，该类理财产品的特点是安全性好，流动性强，收益比定存更高。债券类理财产品则具有期限短、流动性强的特点。目前理财市场上发行的债券型理财产品主要分浮动收益和保证收益两种类别，其中以保证收益为主。从发行的产品来看，普遍表现为流动性强，大部分产品的投资期限为1个月到3个月，期限最短的理财产品只有7天。3个月产品的预期年化收益率达4%至4.5%，明显高于同期银行储蓄存款收益。

浮动收益型产品，运作类似于债券型基金，主要是在二级市场上买卖长期限债券。银行在设计此类理财产品时，其投资期限较难与债券期限完全匹配，当理财产品到期时，有的债券并没有到期，银行需要在债券二级市场将其抛出。若此时市场状况良好，卖出时可能会获得部分差价收益；若市场不好，可能有损失，这需要投资者在大的理财环境背景下，充分考虑其风险因素。

另一方面，银行债券型理财产品按投资方向可以分为两类：一是银行将募集资金直接投资于银行间债券市场的国债、央行票据、金融债等，或投资于商业银行同业存款及企业债和票据等；另一类则是采取与信托公司合作的模式。

"前一种方式省去了一些中间环节，能给客户更多的实惠。但对投资于企业债的产品，一旦该企业财务状况出现恶化，必然导致其债券价格下跌。况且，企业债一向波动较大，风险较难控制，若碰到企业破产，那本金和利息都会有风险。"专家认为，投资者在选择该类产品时，重点要放在企业债的评级上，最好选择AAA等级的企业债为主要投资标的的理财产品。

光大银行的理财师周先生则认为，与信托公司合作的债券类理财产品通常投资于银行间债券市场可流通的国债、政策性金融债券及央行票据，投资机构风险管控的能力决定了产品的风险。但此类产品的投资组合不对外披露，保守的投资者更稳妥的办法还是购买投资组合更透明的债券类基金。

因此，投资者选择债券类理财产品时，必须根据自己资金的金额、投资期限、资金的稳定程度，选择不同的债券投资方式，同时要注意分散投资和组合投资原则，将风险分散到不同的投资组合中，以获得较高的综合收益。

在当前宏观经济形式低迷、通胀水平可控、资金较为宽松的背景下，债券类理财产品值得关注和期待。受全球金融危机和欧债危机影响，国内经济处于下行周期，市场参与者的大类资产配置策略不断转向更为安全的债券市场，并将可能持续。对于债券投资来说，这是一个债券牛市的良好基本面。

信贷类理财产品

一般来说，信贷类理财产品的预期收益水平比债券和货币市场类理财产品更胜一筹。信贷类理财产品可分为存量贷款类理财产品和新发贷款类理财产品。其运作原理是银行将其信贷资产通过信托公司转化为理财产品向客户发售。商业银行通过发行这样的产品，将募集到的资金通过信托的方式，专项用于替换商业银行的存量贷款或向企业新发放贷款。一般情况下，银行推出的这类产品都是选择了优良的信贷资产，到期收益率都能达到预期收益水平，因其按期兑付、收益高、安全性高等特点而备受欢迎。但是，信贷类理财产品与银行的贷款利率密切相关。原信托合同中有利率保护约定的即借款企业的利率随着央行利率下调而下调，如遇贷款利率大幅下调，会造成实际收益低于预期收益。另一种情况是信贷资产的借款方因利率下调而提前终止原有贷款，银行就提前收回贷款进而清算收益并终止相关信贷理财产品。

此类理财产品在2009年开始出现爆炸式增长，银监会在最近几年也三番五次地加强对此类理财产品的监管。另外，信贷类理财产品在银行销售时被定性为"非保本浮动收益"产品，因此，投资者勿将此产品认定为"隐性的保本保收益产品"。因为，信贷类理财产品如提前终止，投资者将承担利率风险、再投资风险等多重风险，选择此类理财产品需谨慎选择，在选择之前，必须向银行理财经理弄清楚三个问题：第一，该产品的钱借给了谁，用途是什么？第二，借款人的还款来源是什么？第三，风险控制水平如何，一旦借款方违约，有什么保障机制？如果理财经理不能解释清楚，那就需要进一步了解清楚后再购买，切勿盲目听从银行理财经理的介绍，特别是当这三个基本问题都不能回答时，说明他对此产品一知半解。

结构性理财产品

简单地说，结构性理财产品是一种组合产品，即通过运用一定的技术手段，将股票、利率、股指、期权等衍生类产品，组合在一起而形成的一种新型金融产品。

结构型理财产品的回报率通常取决于挂钩资产（挂钩标的）的表现。根据挂钩资产的属性，结构型理财产品大致可以细分为外汇挂钩类、指数挂钩类、股票挂钩类和商品挂钩类等。

此类理财产品在外资银行非常普遍及受欢迎，因为它比一般理财产品更可能创造高收益。和中资银行大力发行短期理财产品不同，外资银行正在逐步加强中长期结构性理财产品的发行，尤其是保本浮动收益型结构性产品。在欧美，它被通常称为结构性存款，在台湾被称为结构性债券，这类理财产品由于可以做到到期保本以及按照客户预期设计产品，往往占有一定市场份额，成为投资者资产组合的一部分。工商银行曾经就发行过一系列挂钩股票、汇率等的"珠联币合"保本浮动收益型结构性理财产品，受到了不少投资者的追捧。

为了能牢牢抓住潜在客户的心，多数银行还是在保本或保收益方面下功夫。比方说，工商银行的一款结构性理财产品，属于保本浮动收益型结构性理财产品，产品挂钩标的为每盎司黄金兑换美元价格，即银行间电子交易系统（EBS）公布的黄金兑美元成交价。如果EBS没有报价，工行"将以公正态度和理性商业方式确定价格"。

如果在挂钩标的观察期内，挂钩标的始终保持在边界水平之下，则产品到期年化收益率为4.00%；如果在观察期内，挂钩标的曾经高于或者等于边界水平，则到期年化收益率为1.40%。观察期为2012年7月10日北京时间下午2点至2012年8月10日北京时间下午2点，挂钩标的边界水平为1950美元/盎司。因此，只要当前刚超过1600美元/盎司的国际金价在未来约一个月内不暴涨，该产品到期年化收益率将为4.00%。

总体来说,结构性理财产品对于投资者来说,还是比较复杂的一种。由于产品结构复杂,在选择时投资者需要注意四点:一是明确挂钩的资产类别,了解其风险性;二是认清产品结构,清楚产品的收益情况;三是明确产品的投资期限及投资币种的汇率;四是若同时挂钩几个金融工具,则要关注其之间的相关性。只有经过多重认真地考虑,才能对结构性理财产品进行合适的选择。

资产管理类理财产品

资产管理类理财产品是指银行把募集的资金先放到一个资产池里,然后根据市场情况的变化,对池中的资金进行灵活运作,以实现所委托资金投资效益最大化。此类理财产品的投资标的可以比较灵活,比如投资债券、票据、股票、指数、信托等。

合规的资产管理类产品多以类基金的形式存在,可以申购和赎回。目前具有代表性的是开放式现金管理理财产品。其最大特点是流动性极佳,仅次于可以随时提现的活期存款,采用T+0的申购和赎回模式,资金于赎回申请当日到账,这就给了投资者更多的选择权,避免了在市场发生变化时资金流动性不强而带来的不便。虽然并非所有的开放式现金管理理财产品都承诺保本,但此类产品的风险极小,一般都会长期维持一个固定收益。

QDII理财产品

我国目前投资海外的渠道并不多,国内比较流行的全球投资方式是QDII基金,即合格的境内机构投资者。它可以实现代客境外理财业务,投资者将人民币或美元直接交给银行、基金公司,让它们代为投资到国外的资本市场上去。QDII为个人投资者提供了一条实现全球范围内资产配置、分散风险、追求经济轮动投资回报的渠道，但高收益与高风险并存。

银行QDII产品与基金QDII产品有较大区别。首先认购门槛不同，基金系是1000元，银行系为5万元；其次，银行系QDII直接投资股票的资金不能超过整个资金的50%，而基金系则无此限制；从投资安全稳健的角度看，银行系QDII产品好于基金系，而收益率则可能不如基金系；此外，银行QDII产品大都周期较短，比较适合短期内资金闲置而长期有资金用途的投资者。

相对于目前投资于A股市场的基金和各家银行推出的各种打新股、信托投资类理财产品，QDII基金产品的风险相对较大。在投资QDII产品时，要格外注意三点：一是了解该QDII产品投资的目标市场；二是尽量挑选境外投资水平较高的管理人；三是测评产品风险如何。

另类理财产品

所谓的另类理财产品，就是区别于以传统投资对象为标的的银行理财产品，比如挂钩艺术品、普洱茶、红酒、贵金属等投资对象的理财产品。另类产品的标的物的判断和产生主要依赖于银行对市场的判断和对投资热点的把握。其实绝大多数的银行另类理财产品的设计并无创新，有的从本质上说就是一款银信合作的信贷类理财产品，有的是银银合作的结构性理财产品。

另类理财产品在国内刚刚兴起，运作并不十分成熟，投资者在投资之前应该对所投资的领域有趋势性判断。此外，如果是挂钩大宗商品类的产品，投资者要注意商品市场是比较敏感的，因此这类产品的投资期限不宜过长。另类理财产品的流动性一般较差，多属于固定期限投资，不能提前赎回，因此投资者应选择长期不会动用的资金进行投资。

我相信，经过以上内容，你已经了解到理财产品的各种分类、特点及购买需要注意的地方，能快速轻松地挑选出适合自己的理财产品了。

女白领理财得当，轻松实现全赢人生

谢小姐，35岁，自己是物流企业主管，刚刚辞职，小孩4岁，先生36岁，房地产企业总监，家庭年收入将近80万，年支出30多万，自住房一套，无贷款，投资房产两套，一套在惠州，一套在深圳，均在出租。股票30万，理财产品50万，购买商业保险3份。

经朋友介绍，谢小姐找到了我，她说自己刚辞掉工作，希望接下来把更多的时间留给家人，做一个相夫教子的全职太太，所以她需要找我把理财规划做好。

她说小孩在上幼儿园，这是父母陪伴它成长很重要的时间，所以她想把更多的时候留给女儿。另外，先生工作很忙，她也要把家里打理好，平时闲暇时间，她喜欢爬山和旅游。她很清楚，随着人生阶段的不同，她的角色也在改变，现在要从之前的职场精英白领逐步转变成善于经营家庭，懂得享受生活的贤惠太太。当然，这样的转变离不开财务的支持，所以她想让我在财务上帮她进行合理安排，让她实现想要的生活。

谢小姐家庭属于高收入家庭，处于家庭事业成长期，结余率高、储蓄能力强、房产投资比例偏高。

从家庭资产配置来看，我建议谢小姐把惠州那套房产卖掉，减少房产投资比例。房产最大的劣势就是流动性不足，惠州那套房产未来升值空间有限，出租回报率不高，变现是最好的选择。

细看三份商业保险，发现小孩的那份保额最大，先生的保额最小，因此这样的保额分配是不合理的。购买保险，其中一个最基本原则就是先大人，后小孩，家庭经济支柱的保额应该是最高的，小孩应该最后考虑，因为小孩的最大保障就是父母，而父母的保障才是保险。很多人购买保险都反过来了，都是先给小孩买，我平时工作中，就经常遇到客户和朋友来问我，说想给小孩买保险，有什么好介绍。而父母自己却还没有购买任何保障类保险。

因此，谢小姐家庭应该减少房产。股票的整体配置比例，减少理财产品等现金类管理工具比例，增加稳健类资产类别，像基金，债券等，让整个资产配置更加均衡。应提早规划小孩教育金与未来养老金，实行专户专用。家庭保障方面，提高先生的重大疾病与寿险保障额度，让风险管理更加完善。

案例总结

女性对于理财，其实有天生的优势，因为她们更懂得追求稳健的投资方式，更愿意接受长期投资，而男性的投资往往选择更加激进的方式，希望通过短期获得财富增长。因此家庭主妇要充当好家庭财务大臣的角色，让各自的钱合理分工，实现财富稳健增值与风险管理，让家庭实现幸福人生。

第8章
保险的理财价值

🎗 保险的理财地位

说到理财，不得不提的就是保险。在不同人的眼里，有不同的定义，在一些极端反感保险的人眼里，它就是骗钱的，根本不需要，在很多保险业务员眼里，它被看作是责任和爱。然而，在专业的理财师眼里，它其实是一直种保障，它不会改变你的生活，但它却能让你的生活不被改变。从理财的角度，其实它是一层基石。理财有金字塔，金字塔的最底层就是保险，有了它，能让你的人生经得起各种风险的考验，保障你和家人的生活，如果没有它，就算你的顶层金字塔设计再漂亮，一旦风险来临，一切都像沙漠中的空中楼阁，随时会轰然倒下。华尔街一位投资大师说过"如果你没有购买保险，你就没有资格做任何投资"。人的一生充满生老病死，谁都无法逃避，普通疾病会短暂地影响家庭的生活质量，重大疾病会让人倾家荡产，一场大病可以毁掉一个中产家庭，而环境恶化、食品污染，导致重大疾病的发病率逐年上升。正因为如此，理财的基本不仅是要储蓄一定的资金，更要为不确定做打算，保险是理财的重要基础之一。因此，保险在理财方面具有重要作用，是一支足球队的守门员、一栋大楼的地基，是支撑你未来美好生活最重要的基石。

目前，在国内，人均拥有保单不到1张，远低于金融发达国家水平，美国人均保单10张，日本人均保单7张，台湾人均保单3.5张，香港人均保单2张。现在，很多人一谈到保险，还是避而远之，其实有多重原因：第一，对保险的真正价值还是不甚了解；第二，由于保险业务员或银行一些销售误导，导致保险的口碑比较差；第三，保险产品本身的设计还是比较简单粗糙的，在这方面有很大的提升空间。据我了解，在国内，70%～80%的保单都是人情单，即客户购买保险是因为人情的关系，而不是因为自己真正需要。因此，我希望通过这一章中，让大家更了解保险，然后更加客观的认识保险，选择自己所需要的保险。

如果想真正地清楚了解保险，就需要从它的功能和分类来看。总体来看，保险主要有提供保障、强制储蓄、准备养老金和子女教育金的作用，此外还有避税避债功能。对于普通的工薪阶层来说，保险产品可以做到"雪中送炭"：当风险事故来临时，保险金的给付可以帮助受益人渡过难关。所以说：保险不能改变生活，但能使生活不被改变。因此，保险最重要的功能还是保障，并不是投资。我身边有一些客户朋友，经常会问我，她从银行了解到某款保险产品分红不错，问我值不值得购买。可见，大多数朋友购买保险都没有重视其保障功能如何，却关心其收益如何。

在银行，经常有"存单变保单"情况发生。

"这是银行的理财产品。"

"存款额外赠送保障。"

"这款产品每年都会分红，收益更高、比存定期划算多了。"

"三年超定期，五年超国债。"

在银行，保险往往被当作一种理财产品进行销售，而且，营销人员经常把它与银行的定期储蓄存款或者国债的收益进行比较。但正确的做法是：首先应该审视产品的保障性能，其次才考虑其收益性。银行保险归根结底还是保险产品，保障作用是第一位的，银行理财师在介绍产品时，对具体保障责任未必面面俱到，消费者有必要问清细节，这就要求仔细阅读保险条款，弄清保险责任、保险期间和存在的风险，选择真正适合自己的产品。

保险的本质在于提供保障，这是其他任何产品都无法替代的关键作用。银行保险是在提供一定保障的基础上，适当增加收益。如果纯粹考虑收益，那么保险与股票、基金是没有办法相提并论的。但是同样的，在人生一旦发生风险时提供的保障，比如意外保障、身故保障等，这些也是股票和基金无法与保险产品相比拟的。

最后，购买保险除了在发生约定的事项时可以得到大额的赔付外，其所带来的"非金钱性回报"或者说是"隐性回报"也是不可忽视的。比如，许多人购买了保险后，会觉得没有了后顾之忧，从而对生活更加充满信心，没有任何顾虑地投入工作和生活，这可能也是其他理财工具所不具备的重要"功能"。

✿ 浅析分红险利弊

提起保险，最近几年里卖得最火的当属分红险了。从2009年开始，各家保险公司都开始大力推分红险，进入2010年后，分红险更是成为各家保险公司的主打产品，这一趋势在2011年继续保持，各家保险公司争取发行新的分红险产品。这一趋势主要是受保监会执行新会计准则影响，根据新会计准则，投连险和万能险的大部分保费是不能再计入保费收入的，而同样具有一定理财功能的分红险保费则绝大部分可计入保费收入。在以保费收入论英雄的时代，保险公司的排名也就更依赖分红险的排名了。

分红险特点

① 与股市关联度不高。分红险是一种具有一定理财功能的保险，但它比较稳健，主要投资于各类存款、债券等中低风险产品，股票等权益类资产占比较少，因此与资本市场影响关联度较低，与此相适应，其收益也不会太高。但在加息周期中，新发债券和协议存款的利率也会随之上升，从而使分红险的红利随息而动，以帮助投资者规避加息风险，使投资者可以分享保险公司的投资收益以抵抗通胀。分红险的缺陷是投资运作渠道不透明，红利不固定，客户无法适时查询。

② 可分红不超过七成盈利。保险公司并不是把分红保单的全部盈利都分配给保单持有人，而只是可分配盈余的不低于70%的部分。事实上，保险公司分给保单持有人的可能不会超过70%。

③ 分红险收益搞平衡。尽管保单的前几个年度分红险的分红水平不会很高，而越往后可能会越高，但分红险都有一个"平滑功能"，保险公司一般在经营状况好时都会多留下一些盈余，以便在经营状况差时，从这些预留的盈余中提取一些，从而尽量保持各年度的分红水平平稳，不出现大起大落。

④ 特殊红利不常有。分红险每年的分红水平不固定，特殊红利更可能是小概率事件。按照规定，寿险公司在销售环节并不会给予许诺分红高低。如果客户在投保分红险时，业务员明确许诺并强调回报率，或者将特殊红利也统算到整体分红率上，这就很可能是销售误导，尤其值得消费者警惕。

分红险是寿险的一个大类，一般可以分为投资类分红险和保障类分红险。投资类分红险不但保障功能相对较弱而收益性一般，据统计，其收益率很难战胜同期5年期国债，收益率普遍在4%～5%之间，而过往30年的平均通胀率为5.6%，因此，多数分红险是很难真正跑赢通胀的。保障类分红险主要是带分红功能的普通寿险产品，侧重人身保障功能，分红只是作为附加利益，将依据公司每年的经营和投资状况进行分配，没有确定额度。保险公司经营得好，投资者可分享成果，如果收益不好，也没用损失。

目前市场上的分红险特别多，投资者难以选择，分享以下几点关键点作为参考。

第一，每年分红险的分红是一个不确定因素，保险公司不会承诺收益。购买投资者类分红险前需要仔细查验历史"成绩单"，看看过去几年的红利是否大于同期通货膨胀率和市场利率。同时也要注意某些保险代理人经常过分强调以往的收益率，这可能会对投资者产生误导，过去的分红收益只能代表当时投资环境下的收益或者假想投资状况下的收益，绝不能代表长期实际红利派发的水平。2012年最新数据统计，保险公司所有资金投资回报为3.39%，其投资渠道超过80%配置在银行的存款和固定收益债券上，11.8%的比例配置在股票和基金上，8%左右比例配制在不动产、股权投资等另类投资上。从国内保险公司的投资渠道来看，还是比较有限的，保监会规定得比较死，多数的资金还是配置的存款及债券，因此总体收益有限，从而能分配给投保人的红利也就受到一定制约。

第二，投保人所交保费并非全部用于投资。在扣除风险金、责任准备金、管理费等费用后，剩下的资金由保险公司进行运作，主要投资于银行的协议存款、国债、企业债、基金等方面。

　　第三，投保人需缴纳相同的保费，得到的分红却不一定相同，这是由于被保险人的年龄、性别、健康状况不同都可能对应不同的分红水平、简单地说，就是投保人对保险公司的贡献度越高，得到的分红也就会越高。

　　第四，分红险由于每年分红一次，基本上波动性相对较小，只要存满期限就能只赚不亏，保户需要掌握好交费和领取期限是否与自己的需求相匹配。

　　第五，对于投资类分红险来说，期缴分红险基本就是定期的强制储蓄，比较适合那些不想承担过大缴费压力的投资者，这笔钱将来可用于养老或者子女教育等。趸缴分红险的产品期限都比较短，比如5年、10年，投资者可根据分红时间做一个定期的规划。

　　第六，如果是保障类分红险则需要重点关注人身保险、额外保障和实际返还。以实际返还为例，虽然很多分红险标明了诱人的返还比例和可观的到期返还额，但这些都是附加了很多限制性条款的，如要求投保人在保险期间不得把红利取出，被保险人必须长寿等等。

鲜为人知的基金中的基金

　　在第六章中，我们已经了解过了基金的特点和优势，相信很多投资者对基金都会产生兴趣，选择基金作为投资工具。公募基金已经是大众投资的重要理财工具，据统计，目前，公募基金的总规模约为1.6万亿，我国绝大多数基民都会选择5只以上的基金来做组合，有的投资者甚至会同时选择10只以上的基金。但是在这个时候，就会产生一个难题，就是如何在近1000多只基金产品中选择到最适合自己的优质基金组合呢？毕竟要在茫茫基金的云海中找出这些基金是需要一定的基金方面的专业知识与经验，而往往多数基民又是不具备这样的能力的。一般来讲，普通投资者选择基金主要是靠评级机构的基金排名，还有一部分基民是根据银行理财经理的介绍来买基金的，而银行理财经理往往也是推荐前一年排名靠前的基金。但是，如果投资者稍加留意，就会发现基金的排名的波动幅度其实是很大的，比如，有些基金在2007年排名比较靠前，而在2008年却排在最后10%的基金之中，到2009年又东山再起，排名再次靠前。如果只看排名来选择基金，投资者就会出现这样的情形，在2007年底购买这些基金，在2008年底又卖掉这些基金，结果到了2009年又会再次购买，每一步都会慢一拍，出现后悔心理。其实选择基金不能只看排名，还应该关注基金的中长期表现和持续表现，比较不同的评级机构的评级，了解同一基金公司旗下其他基金的业绩；了解基金公司的综合投研能力，还需要关注公开的信息披露，譬如基金经理的更换、基金的投资方向、策略及仓位等，此外，还有一些技术指标，如波动幅度、风险系数、夏普指数等都是选择基金的需要考量的。

除此之外，基金还面临一个转换的难题，就是根据经济大环境的变化，适时地转换配置的基金组合。比如说，在2008年，你需要将股票基金转变成债券基金和货币基金组合，不然，你的基金将会出现大幅的亏损，另外，有时也需要将表现不佳的基金转换成表现优异的基金。因此，选择和转换是基金投资的两大难题，而这两个能力将很大程度的决定你投资基金的回报，很多基民投资基金回报不理想，都是问题出现在这两个方面。毕竟，选择合适的基金组合，并在适当的时机进行调整，这对普通投资者来说是一项艰巨的任务，需要大量的时间和丰富的专业知识。

基于以上两个难题，本节介绍的投连险，用的是FOF的理念，也就是"基金中的基金"，就能很好地解决这个问题，它是欧美国家普通投资者最重要的投资工具之一。通常，投连基金都是保险公司推出的基金投资产品，相对于分红险和万能险，它的风险较大，但收益也更强。投连险不是传统意义上的保险，因为它的保障功能很小，而主要体现的是投资功能。具体而言，投连险就是通过保险公司的投资经理和团队来筛选基金组合，并不断调整基金组合，让投连基金获得更稳定的收益，减少因为基金选择不当带来的风险。一般投连险都会根据不同的风险等级，设计出4类账户，即成长型账户、平衡型账户、稳定型账户和安益型账户，风险由高到低，各账户间可以免费转换。投资者可以根据自己的风险偏好来进行选择，每个账户里面，保险公司的专业团队已经筛选好固有的基金组合，通常情况下，成长型账户时股票型基金的组合，平衡型账户是混合型基金的组合，稳定型账户是债券型基金的组合，安益型账户是货币型和短债基金的组合。这样，投资者就能轻松投资基金，不必为选择和转换基金而头疼，又能通过改基金组合，轻松获得稳健回报。

挑选投连险时，投资者主要需考虑以下几个方面。首先，应看公司的专业程度和投资基金的长期业绩及历史经验。中国很多大的保险公司都是以传统保险为主业，在投资基金方面的经验还不足，因此，很多中外合资的保险公司在这方面都做得比较优秀，像在基金投资方面做得比较好的有泰康和瑞泰。其次要比较的是各家公司的费率，投连险的费率一般包括认购费、赎回费、管理费及买卖差价。目前市场上趸缴投连险产品认购费大多在3%左右，管理费小于2%，无买卖差价，3～5年后可免费赎回，有些产品在3年内还允许每年有一定比例的免费赎回额度，以一款瑞泰人寿的趸缴投连险为例，一款名为优选之选B的趸交投连险，认购费为1.5%，管理费2%，赎回费逐年递减，5年后免费。最后，要看公司的网上平台是否操作方便，功能齐全，即看保险公司是否可以网上操作并有账户自动转换功能，各账户间是否可以永久免费转换，赎回或账户转换时是否可以按当天净值结算，因为一般都是以第二天的净值结算。

对于投连险的操作策略，除了简单长期持有某单一账户外，还可以通过"股债互转"对投连险各账户进行操作。具体操作方法是：在熊市中持有稳定型账户（债基）并定时按一定比例向成长型账户（股基）中转换，而在牛市时则反向操作，将所持有的成长型账户定时按一定比例向稳定型账户中转换。这样做的好处是，可以使成长型账户中的股票基金在熊市中得到平均建仓成本，而在牛市中获得平均撤退成本，及时锁定超额收益。此种结合了经济周期、牛熊市轮回及算术平均的循环互转的方法，年平均收益率应显著高于简单持有稳定型账户，而风险将明显小于简单持有成长型账户。当然，这种操作策略对于投资者的专业知识要求是比较高的，如果没有一定专业经验的投资者，需要找专业的理财师给相应的操作建议。对于我的客户，我都会用这种操作策略来为其管理账户。

因此，对于一般的白领阶层，可以定投FOF的方式来理财，这样既能轻松做到强制储蓄，又能实现实现稳健的收益，管理得当的话，能获得可观的回报。当然，在购买之前，最好找相应的理财师做个简单的定投计划。

▲ 三分钟学会买保险

天有不测风云，人有旦夕祸福，人的一生不可避免的面临着"生、老、病、死、残"的风险。即使成家立业也同样伴随着这样的风险，那么如何做好家庭保障规划呢？

先保障后投资

很多客户在选择险种的过程中，常常优先关注"高收益，高回报"的险种，而忽视保险最原始的保障功能。意外险、健康险和定期寿险等最具有保障意义的险种，由于是消费性险种，往往得不到客户的重视。很多客户花了不少的钱投保返还型或者投资型险种，但当风险来临时，却发现保险"不管用"。意外、重疾和收入中断是人生中最难预知和管控的风险，保险的保障意义很大程度就体现在这三类保险上。所以投保人在保费预算有限的情况下，应优先满足意外、疾病和定期寿险类保障需求。如果客户经济状况较好，可在完善家人保障的前提下，考虑投资性保险理财产品。

先保障家庭顶梁柱，后保障家庭其他成员

"优先考虑孩子的保障"是很多客户初次购买保险常犯的错误。家长为孩子投保的目的是想为孩子创建一个良好的成长环境，保障孩子病有所医，幼有所教甚至老有所养。但其实对孩子而言，父母是他们最好的保障。如果父母发生风险，收入中断，没有任何收入来源的孩子才是真的失去依靠。

先满足保额需求，后考虑保费支出

保险首先保障的是家庭。通过自身家庭的结构、工作性质、已有保障、风险承受能力等科学的风险评估和需求分析可以得出必要的风险保障额度，作为必要的风险保障额度，购买的太少起不到保障家庭的作用，购买的太多则会影响到客户的生活品质。在满足家庭必要的保障额度的前提下，家庭保费的支出则可以根据投保人的实际情况来调整，不同的人身阶段、不同的财务状况、不同的职业类别，可以有不同的选择方式，比如消费型产品与返还型产品的选择、保费缴纳期限长短的选择，保障型产品和投资型产品的选择等。

先满足保险规划，后考虑保险产品

对于每个人来说，购买保险需要考虑自己的年龄、职业、赡养人口、收入与负债、未来财务需求、资产分配、目前已有的保障等信息，做出相应的风险评估，然后根据自己的经济状况以及对风险的承受能力，定量分析家庭必要的风险保障额度及使用的理财工具，找到相应的解决方案。其实，在购买保险产品之前，需要做好保险规划，而做保险规划最好，先找一位优秀的专业保险代理人或理财规划师来协助你。其实，我在为客户做保障规划时，也基本会按照这样的流程。不过，除了这些以外，我还会更多地考虑到客户的其他理财需要，像子女教育金、养老金、购房、旅游等各种需求，最后再结合保障需求，做全面规划，最后再配置最适合的保险品种。通常，我都会根据客户的财务需求以及潜在需求，使用保险产品组合方案，来实现客户的理财目标。沟通方案的过程中，要让客户参与进来，让客户真正明白，这个方案是如何帮助客户解决家庭未来可能面临的风险的。考验一个保险方案是否合理有两个标准，一是看这个方案是否经得起风险的考验；二是看这个方案是否经得起时间的考验。我在设计保险方案的时候，要考虑整个家庭，要有前瞻性，此外，还要和客户保持信息通畅，定期检视客户的家庭保障方案！在我给客户做全方位理财规划中，保障规划就是其中一项重要规划，然而却也是很多客户容易忽视的规划。

先满足人身保险，后考虑财产保险

现实生活中，有车族100%的会为自己的爱车投保车险，却往往忽略为自己投保人身保险；也有很多企业主会为企业投保财产保险，而不为自己投保人身保险。人是财富创造者，没有人的保全，也就没有财富的积累。因此人的保障永远都比财富的保障更为重要，我们要引导客户，处理好人身保险和财产保险的关系。

对于年轻的白领来说，选择缴费期限应以长期为宜，涉及可以按年分期缴费的险种，还是以选择长期缴费的方式为宜，因为很多新白领目前经济实力还不强，拥有同样的保障，期限越长，每年缴纳的保费相对越少，经济压力也越小。

总之保险是一个非常好的理财工具，在我们日常生活和工作中发挥着重要的作用，所以我们应该根据自身的实际情况，选择适合自己的保险产品。

单身工程师的理财规划

王先生，26岁，大学本科毕业，职业为工程师。

收入支出情况：月工资收入3000元，每月其他收入1288元，年终奖13600元。每月日常支出为1000元。

资产负债情况：活期存款4700元，定期36000元，国债11418元，基金93500元。黄金15000元，无贷款住房市值35万元，没有任何负债。

家庭理财目标：①完善自身保障计划；②通过合理的资产配置，实现家庭资产稳健增值。

家庭理财规划

一、财务诊断

王先生收入虽不高，但固定支出非常低，月结余率为77%，非常高，说明有非常好的结余意识，非常有利于原始积累，为以后各项理财目标打下坚实的基础。同时，资产配置全面，具备很好的理财意识，通过资产配置，能分散风险，但配置结构太过保守，没能很好地让家庭资产长期稳健增值。此外，王先生没有配置商业保险，而保险是所有理财工具的基础，应该进一步完善自身的保障计划，要优先考虑配置大病险。

二、理财建议

一般而言，资产可分为四大类，即风险型资产、稳定型资产、保本型资产和保障型资产。对投资者而言，无论是风险偏好者还是风险厌恶者都应该在这四个大类资产中进行合理配置。王先生目前还很年轻，属于单身期，风险能力承受能力较强，应重点配置风险型资产，并结合其他三类资产。

1. 保障型资产

保障型资产属于长期配置，也是所有理财工具的基础，主要职责就是当家庭遇到重大财务风险的时候，能够靠它来化险为夷。王先生目前没有任何商业保险，鉴于目前收入不高，应重点考虑健康险，建议可以选择分红型的终身寿险并附加重大疾病险，此类保险不但对身故和大病都有保额的保障，每年还会产生现金红利，如无特殊需要建议不要提取红利，应积累复利利息来抵御通货膨胀对保险的影响。保费从年终奖处缴，费用在5000～6000元之间。

2. 保本型资产

此类资产属于短期配置，因为它要充当家庭备用金，要随时保持充足的流动性。它的职责是防守，收益高低不是最重要的。对于大多数家庭，一般只要准备3～6个月的支出就可以了，因此建议王先生保留4000元活期就可以满足这个需要了，也可以考虑换成货币基金，收益会稍微高一点，流动性也可以符合需要。如备用金不足，可将月结余处进行补充。

3. 稳定型资产

这类资产属于中期配置，其职责是争取获得相对较高而且稳定的收益。其中，定期存款、国债、银行理财产品、债券基金都属于这个范畴。目前3年期定存收益为5.5%，最新3年期储蓄国债收益为5.58%，分别不大。因此建议保留国债投资，定存部分可以考虑转为债券型基金，预计年化收益率可以达到7%。

4. 风险型资产

风险型资产是长期配置，承担着获得更高收益的职责。股票、基金、黄金外汇等都是比较常见的风险资产，但考虑到王先生无投资经验和基础，因此不建议直接配置股票，基金倒是不错的选择。基金可以分为开放式基金和封闭式基金，建议王先生将之前的基金部分重新分配，各50%分别投资于一只封闭式基金和一只开放式混合型基金。即将活期中的7000元加基金93500元，共10万元，各投资5万元。封闭式基金与开放式基金不同，是在二级市场上直接交易，可长期投资，也可阶段操作。封基有两个价值即市场价值和基金净值，当前大部分封基都是折价交易的，即市场价值低于净值。随着"封转开"的临近，基金净值必将向市场价值靠拢，因此目前的折价实际上是为投资者提供了"安全垫"。从短期风险来看，封基的波动率可能要大于开放式基金，但长期来看，收益是更可观，因为"安全垫"的存在，风险也不是很大。至于黄金配置，可以保留，黄金长期具有保值、抗通胀的能力，因为黄金的稀缺性，长期来看，有一定上涨空间，可以长线持有，注意避免追涨杀跌。

最后，建议王先生可以考虑将每月结余中的2000元定投于指数基金，为将来的养老或子女教育规划做好准备。

第9章
钱生钱的关键

　　在第一部分，我们知道了强制储蓄的重要性了，但是光会攒钱是不够的，还要学会投资，要让钱生钱，生钱是理财的重点。投资有风险，后果需自担。所以投资之前，应该先清楚各种理财工具的特点，即收益性、安全性、流动性如何，结合自己的风险偏好，来做投资的选择。无论选择哪种理财工具或方式，像股票、基金、保险、债券、银行理财产品等，最重要的是先了解各种工具的基本特点、分类、收益及风险情况，配合个人或家庭对中长期的资金需求，做出合理的配置。而钱生钱的关键，就是根据自身情况，做出合理的资产配置，一个可以让你进可攻、退可守的配置方案。

🎀 理财收益取决于什么

　　对理财收益的影响因素有很多，像投资时机、证券选择及其他因素。到底理财收益取决于什么呢？1990年诺贝尔经济学奖得主哈里·马科维茨经过大量实际研究和统计后发现并告诉我们：理财收益主要取决于资产配置。海外实证检验，资产配置对投资绩效的贡献超过90%，在国内的实践检验表明，资产配置对投资绩效的贡献也超过了86%。理财，不是单纯挑选某个理财产品，更要有一个全盘的概念，把钱分配到不同类别的产品，制定出一个资产配置的方案。

　　到底何谓资产配置呢？即根据各类资产的不同特性构建有效的

资产组合，进行资产配置的权衡，为给定的资产类别设定数量上的限制，以实现与自身能力和理财目标匹配的回报。简单地说，资产配置就是你将投资理财的钱，如何进行有效的分配、比如说你有100万，到底拿多少钱分配到股票中，多少钱分配到基金当中，多少分配到债券中，多少钱分配到黄金资产中，还有房地、现金等资产。这就是资产配置的概念，需要一个全盘的考虑，根据自身的情况，做一个合理的配置，是非常重要的，这将决定你的投资收益与风险情况。坚持合理配置投资资产，"不要把鸡蛋放在一个篮子里"。这句话在牛市里没人听，但到了熊市，投资者才慢慢体会出它的价值。

资产配置有多大作用，不妨算一笔账。如果当初投资者把50%的资金购买股票类资产，今年大盘下跌60%，那么投资者亏损为：50%×60%=30%。然而，如果投资者懂得配置，只投入30%的资产在股票类产品上，那么即便股市下跌60%，亏损只是：30%×60%=18%。因此，资产配置可以帮助您在理财的过程当中创造更加稳定的收益，减少各种系统风险。资产配置的目的就是帮你选取最优的投资结构，使你的投资组合的长期回报变得更加平稳，同时最大限度地降低投资亏损的风险。我在讲课当中，有些朋友会说，自己买了7、8只股票，也是做了资产配置呀。事实上，这只是组合投资，多只股票的组合投资方式，这种方式能解决单只股票的风险，但不能解决股票市场的系统性风险。就是说，一旦股市市场出现全面下跌或熊市，这样也不能降低你的风险。因此，所谓资产配置，就是大类资产之间的比例分配，比如股票、债券、保险、房产、黄金、现金等。

关于资产配置的重要性，我们还可以来看一个重要实例，就是关于诺贝尔奖奖金资金的运作。诺贝尔基金创立于19世纪末，最早的资金来源是诺贝尔自己捐赠的980万美元。创立之初，章程规定了基金的投资范围，必须配置在安全且有固定收益的投资工具上，像存款和国债，结果到了20世纪50年代，基金总资产只剩下了300多万。后来基金会理事们果断更改了章程，调整资产配置策略，新的资产配置里增加了股票和房地产，这样就使诺贝尔基金会总资产不断上升，到了20世纪90年代初，基金的总资产增至20多亿美元，由此可见资产配置策略的重要性，不同经济周期下配置不同的资产类别是何等重要！

就像诺贝尔基金的管理一样，资产配置对于保持投资收益稳定性和财务状况的良性状态极其重要，每个人都需要做好自己的资产配置，才能让你的钱为你更稳定地工作，创造更稳定的收入。资产配置意味着将你的钱投资于不同类型的投资或资产。你的投资回报很大部分取决于你的资产配置的情况。资产配置就像下棋一样，下棋的战略布局决定了你的成败，而资产配置决定你投资理财的成败。

在理想的情况下，资产配置的目标是帮助你在最低的风险水平获得最高的回报。股票的长期回报率高于债券和货币市场；但在短期里，股票的市值和回报却往往大幅波动。通过合理的资产配置，即将部分资产分别投资于股票、债券、货币市场、房地产和其他类型资产上面，你将可以创造一个回报更加稳定的投资组合。

✿ 资产配置的艺术

在第一节中，我们了解到了资产配置对于家庭理财的重要性，那么，我们白领家庭在资产配置现状又是如何呢？在我去企业内部讲课和平时接触到的一些客户朋友中，有非常多资产配置不合理的情况出现。往往会出现两种极端情况：一种是现金类资产过多，另一种是风险资产过多。我其中一个客户黄小姐，一对年轻的夫妇，其家庭资产是35万，其中25万以活期存在银行，这就是典型的保守型理财方式。由于过度厌恶风险，把家庭资产超过70%比例都存在了银行，这样的理财行为导致的结果就是家庭资产得不到有效增值，甚至完全跑不赢通胀。我另外有一个客户的情况恰恰相反，他有50万闲钱，由于他本身喜欢钻研股市，于是把50万全部投资于股市，在行情好的时候，确实赚了一些钱，但是好景不长，几年下来，最终结果是50万亏得只剩30多万了。我还有一小部分客户偏好房产投资，于是资产中的绝大部分比例都在房产上，这也是非常危险的。这种过于激进的理财方式，由于过度追求高收益而忽视了股市或楼市的高风险，也容易导致财富大幅缩水。这两种情况都是非常常见的，大家应该避免这两种极端的理财方式。

有关家庭资产配置，最新调查数据显示，50岁以上、30岁以下的人群储蓄的比例最大，达到45%。30~35岁之间的人群选择房产作为最主要的理财工具，比例达到46.4%。而以收入作为标准，年收入在25~35万元的人群选择房产比例也最大，达到57.4%。这个数据说明，大部分中国人在家庭资产配置方面，依然青睐储蓄和房产。这个结论反映出了中国人相对保守的理财观念，这是由目前的经济发展阶段、传统生活习惯等现实国情导致的。中国人历来有"窖藏"、"买房子置地"等习惯，加上对现代金融理财工具缺乏了解，对证券市场的参与程度也不够，很多人还是更钟情于存款、房产等这些看起来更稳妥的资产形式。我认为，储蓄、房产比例过大，显然是一种不合理的资产配置。近期证券市场的波动比较剧烈，短期来看，持有一定的现金不失为一种安全的方式，但从长期来看，如果储蓄利率赶不上通胀的速度，资产就出现缩水，被无形的小偷偷走，同时还会错失其他的投资机会，比如投资于一些债券类产品可以获得比储蓄更高的收益等。而房产的流动性比较差，尤其是在经济危机和房价下行的背景下，如果本人遇到意外、疾病、失业等状况，高额房贷会为家庭的正常运转带来极大的风险，家人的生活品质更无法因此得到保障。因此，我建议，一般家庭可以根据需求，将自己用于应急用的3~6个月支出费用的储蓄，可以选择购买货币市场基金和短期的银行理财产品，而房产在整个家庭资产中的比例不宜超过50%。对于一般投资者，应该在存款与房产、股票之间增加更多的稳健类投资选择，例如债券、基金、信托等理财工具，可以让整个资产配置更加平衡。

其实，真正的理财需要一个合理的资产配置，这个资产配置可以为你提供一个长期的框架。一旦选定了一个配置方案，你就可以长期遵循这一框架，当然，你需要定期检查和调整资产配置方案，以符合你目前实际的投资偏好、人生阶段、财务目标等，也更能确保实现你期望的投资回报。

在理解资产配置方面，其实可以把它想象成像一只足球队一样，一只足球队，需要讲求攻守平衡，因此，资产配置的艺术也跟足球队一样，讲究攻守平衡，在市场情况好的时期，可以加强进攻，在市场情况转坏的时候，能加强防守，稳固之前的收益。就像一只足球队一样，它会有门将、后卫、中场、前锋等不同角色，在理财的角度，门将就是保险，用于保障你的财务安全，后卫就是各类存款，保本理财产品、货币基金等资产，用于防守，确保生活的一些应急需要，而中场可以分为防守中场和进攻中场，防守中场可以是债券、债券基金、信托等各类固定收益的工具，而进攻中场可以是股票型基金、黄金、大盘蓝筹股等，前锋就是像成长型股票、各类期货等工具。足球阵型有442和433等，其实资产配置的道理是一样的，根据进攻和防守的需要，构建适合自己风格的一种阵型。

那么，到底该如何有效地进行资产配置呢？

其实，根据我对资产配置的理解与经验，大体可以遵循以下步骤来制定适合自己的资产配置方案。资产配置可以分四个层次：第一步，根据理财目标，首先确定大的资产配置，多少资金用于各类保险、多少用于子女教育的定期定投、多少用于养老金的储备等等。第二步，确立金融资产的配置，也就是权益类（如股票、股票型基金等）、固定收益类（如债券、债券型基金、货币基金、银行存款等）、商品类（如黄金、投资性房地产等）三大类资产的比例。第三步，在不同的经济周期下，调整不同资产的比例，顺势进行优化配置。第四步，具体到某一个门类的产品选择，比如在股票型基金这一类别中，选择哪一家基金公司的哪一个产品。目前，大多数投资者还停留在单个产品阶段，楼市好就买房子，股票好就追股票，缺乏一个系统的概念。

根据以上步骤，你就能设计出符合自己的资产配置方案，当然，这个过程当中会涉及非常多的专业知识，因此，建议最好能找到相应的理财师来协助你完成。其实，这也是我为很多客户提供的重要服务内容，即根据客户不同人生阶段的财务目标与财务状况、风险偏好等因素，制定一个合理的资产配置方案。

无论经济下滑还是上扬，攻守兼备都是长期资产配置的应有策略，每个人要根据自己的生命周期和风险态度决定自己的资产配置，适度调整高低风险资产的比例。就像一支足球队，无论什么时候都要有守门员、中场和前锋，在不同的时期发挥不同的作用。而各个经济周期的资产配置一般规律是：衰退期持有债券，萧条期持币，复苏期持股，繁荣期持有有色金属、房产等保值商品。目前，全球和中国的经济依然低迷，在这样的大背景下，配置必要的固定收益类资产如债券或债券基金等，保证有部分固定的现金流入。如果看好中国经济将逐步复苏，那么就应当逐步增加权益类理财产品比例，如股票或股票型基金。

为了形象地了解不同资产配置结构的效果，根据3类资产所占比重大小，可将资产配置结构分为5种。

金字塔型：此种配置结构以第一类资产比重最大，第三类资产比重最小，风险性小，收益不高，非常稳定。属于相对安全的传统型资产配置结构，为老年人所喜爱。

均分型：此种配置结构是3类资产比重趋于相等，家庭资产的风险与收益都适中。是偏理性的新兴中产阶级较为理想的现代家庭资产结构。

哑铃型：第二种资产比重最小，其他两类比重较大，结构缺乏合理性，阶段性特征明显，尚未置业的年轻家庭或租房者往往属于此类型。

菱形：第二类资产比重最大，其他比重较小。这种资产配置结构的风险性和稳定性都较差。房奴即为此种类型资产配置结构的典型代表。倒金字塔型：第三类资产比重最大，第二类次之，第一类最少。这种资产配置结构风险很大，极不稳定。此种结构与相当数量的股民的资产结构类似。

因此，每位个人或家庭投资者，应该重视资产配置的作用，审视自身目前的配置情况，根据自己的财务目标，风险偏好，人生周期等因素，制定最适合自己的一套资产配置方案，然后根据自身或市场环境的改变，进行相应的调整，最终让理财变得更加科学、轻松，让你的钱进行合理的分工，为你赚得更多的收入。

🎀 神奇的复利

伟大的爱因斯坦认为，复利是世界第八大奇迹！复利的威力比原子弹还要大！

有一个古老的故事，一个爱下象棋的国王棋艺高超，从未有过敌手。为了找到对手，他下了一个诏书，说无论是谁，只要败了国王，国王就会答应他任何一个要求。

一个年轻人来到皇宫，要求与国王下棋。紧张激战后，年轻人赢了国王，国王问这个年轻人要什么奖赏，年轻人说他只要一点小奖赏：就是将他们下棋的棋盘上，在棋盘的第一个格子中放上一颗麦子，在第二个格子中放进前一个格子数量的两倍麦子，接下来每一个格子中放的麦子数量都是前一个格子中的两倍，一直将棋盘每一个格子摆完。

国王没有仔细思考，以为要求很小，于是就同意了。国王命令大臣从国库运来一车小麦，开始按照年轻人的要求往棋盘里放置小麦，一边的大臣忍不住都在偷笑，心想：这个年轻人是不是脑子进水了，怎么要求这么傻逼！但很快国王和他的大臣开始紧张和不安，他们惊讶地发现，即使将自己国库所有的粮食都给他，也不够百分之一。因为即使一粒麦子只有一克重，也需要数十万亿吨的麦子才够。尽管从表面上看，他的起点十分低，从一颗麦子开始，但是经过很多次的翻倍，就迅速变成庞大的天文数字。

即使是翻半倍的复利，不需要多少次，就可富可敌国!这就是世界第八大奇迹的魔力。

所谓复利，就是"利滚利"，就是在投资中把每一分赢利全部转换为投资本金。千万不要小瞧复利的威力，有专家计算，如果每个年轻人每年存款1.4万元投资股市，持续投资40年，其本金不过56万元，如果每年的投资收益是20%，40年后年轻人将成为亿万富翁。相信，在今天每年存款1.4万元对多数人来说可以是非常轻松的，这样的话，全世界亿万富翁将遍地都是。但是现在的情况并非如此，因为一般情况下，没有多少人会将之进行到底。毕竟漫长的40年，能坚持下来的人不多，也会发生很多不可预料的事。此外，要长期实现年复利20%，也并非易事。

实际上，复利的要素有三项：初始本金、报酬率和时间。其实我们应该明白这样一个事实，今天投入的一万元会变成若干年后的一百万或更多。其实勤俭节约、善于积累是投资成功一个最基本的条件，资本的积累带有"残酷"和"抑欲"的特征，几百年前资本家的理财方式在今天仍然有效，复利的基本要求之一就是把每一分赢利全部转换为投资本金而不能用于消费，否则复利的作用就要大打折扣。在市场上很多人在赢利的时候轻易地把赢利部分消费掉而在亏损的时候却不得不缩水本金——这是永远也无法积累财富的。

可见，时间越长，平均年回报率越高，复利增长速度越快。众所周知，人生的"第一个100万"最难赚，如果你现在拥有10万元，假使每年的回报率达到10%，需要25年的时间才能变成100万；但你拥有了100万之后，保持同样的回报率，从100万到200万需要7年；从200万到300万只需要4年。

所以，成功的投资，应当从积累开始，在年轻的时候"广积粮"，储备尽量多的本金，选择适当的、能产生持续回报的投资品种，忽略短期波动、进行长期投资。同时，谨慎对待你现有的每一块钱、每一次投资，避免将大比例资金用于高风险投机。要知道，跌得快涨得慢，从2块跌到1块，是50%的跌幅，但从1块再回到2块，却是100%的涨幅，一次投机失败有可能使你功亏一篑。

财富的积累并没有对收益率有苛刻的要求，暴利并不是富裕的必要条件，但对暴利的渴望与贪婪几乎成为市场所有参与者的唯一目标。一切超凡的报酬率都是不可能持续的，这是经济规律。在你轻松地获得50%的赢利时也有可能莫名其妙地亏损掉50%，较高的赢利水平被相对较高的风险给平衡掉了。其实稳重、保守、持续、适当的长年报酬率才是真正的成功之道，依靠年复一年的复利作用，少少的一点钱也能够成为一笔天文数字的资产。

其实，复利就是理财的真谛及核心。想要成功投资切记不要急功近利。巴菲特成名前有过数十年的艰苦学习和奋斗，时间是财富积累最佳的催化剂，我们的投资计划一定要是一个长期的投资计划，即使是短期的投资计划也必需置于这个长期投资计划的框架内。非常喜欢巴菲特所说的"人生就像滚雪球，重要的是找到很湿的雪和很长的坡"，其实这就是理财的真谛所在！很湿的雪是指能让财富稳健增长的理财工具，很长的坡就是要有足够的时间和耐心让财富滚动，如果能找到这样的理财工具和理解复利的奥秘，你就掌握了理财的真谛，将拥有幸福的财富人生！巴菲特通过股票找到了自己滚雪球的方式，为其管理的基金公司的投资者，在47年期间获得4340倍的收益，用实践证明了滚雪球的魅力，即复利的财富魅力。

当然，资金经常回撤的人，是没有资格谈复利的。如果一个投资者经常在交易中隔日被套，那他就需要反思一下自己的交易思路是否出了问题。所以要复利，必须要稳，不能产生亏损。在长期的投资过程中，一定不要忽视某些年度亏损或较低收益对总体收益率或平均收益率的打击，况且在长期的投资过程中熊市总是会出现的。大师们的成功投资原则有两条，第一条：尽量不要亏损；第二条：不要忘记第一条。巴菲特说过"如果我们有坚定的长期投资期望，那么短期的价格波动对我们来说就毫无意义，除非它们能够让我们有机会以更便宜的价格增加股份。"

总之，只要你领悟了复利的奥秘，就等于掌握了理财的关键。其实，投资理财并没有什么复杂的技巧，最重要的是观念。每个理财致富的人，只不过养成了一般人不喜欢或者说是无法做到的习惯而已，那就是投资理财的能力。让我们像巴菲特一样，尽快找到很湿的雪，然后保持足够的耐心，持之以恒，让财富像滚雪球一样增长，实现财富人生。复利增长是财富增长最为有效的方式。那些把种子吃掉的人是不会有春天的。其实我一直强调要实现财务自由，就是要让你的钱为你工作，你的钱就是种子，让它通过复利帮助你生出无穷个种子，你就可以真正享受他们为你工作带来的丰硕果实了，复利是实现财务自由的关键所在。

中产家庭提前还贷与换房计划

东风先生家庭月收入为1.47万，每月固定支出为5900，每月结余8800元，具备一定投资理财意识，在股票、基金、债券等方面都做了相应投资。目前，困扰东风先生的是，贷款是否该提前偿还，另外怎样在5年内换一套100万的房子。

家庭基本情况：东风，32岁，青岛人。老父亲已去世，和母亲生活在一起，母亲59岁，无退休金，只有基本的社保。孩子上小学。有房屋2套，1套自住，另1套出租，租金1.8万每年，贷款30万，20年，已还6年。东风和妻子五险一金齐全，公积金合计每月2700元。

收入支出情况：家庭每月收入1.47万，年终奖金1万元，每月日常支出4000元，房贷还款月供1900元，保险费用年支出8000元，旅游支出每年2000元。

资产负债情况：资产方面，活期存款1万元，定期3万元，国债10万，基金、股票各1万元，两套房产分别市值65万和56万，汽车折旧价9万。负债只有房贷30万。

保障情况：本人保额60万，家人保额10万。

理财目标：①贷款是否该提前偿还；②想在5年内换一套100万的房子。

和讯理财特约卓越财富首席理财师张国华量身定做理财方案：

一、财务诊断

东风先生家庭月收入为1.47万，每月固定支出为5900，每月结余8800元，月结余比率为60%，此比率非常高，有足够强的积累能力，可以为家庭以后的各项理财目标提供足够的资金来源。另外，具备一定投资理财意识，在股票、基金、债券等方面都做了相应投资，但资产配置过于集中于国债，太过保守，影响整体收益。保障方面已经基本能满足目前需要。

二、理财建议

1. 提前还贷

决定是否提前还款取决于两个方面：首先要看自己是否有能力还款，其次还要看如果不还款，那么这部分资金投资的收益率是否肯定高于目前的房贷利率。目前最新的5年以上房贷利率基础利率为7.05%，但根据东风先生每月还款1900来看，使用的是公积金贷款，利率为4.9%。如果按资产的状况，假设提前还款10万元，处理方式为缩短还款期限，月还款额不变，这样节省的利息为73262元，2020年可以还清。

根据收入和结余情况，东风先生的月供压力并不大，考虑到贷款利率为4.9%，属于较低水平，一般的国债收益就能高于它，因此不建议提前还款，应善用此资金进行合理投资。

2. 换房计划

东风先生目前自住房市值65万，如果换一套100万的房子，加上装修费用预计10万，家电费用5万，也就是说，只需在5年内准备50万就可以实现了。根据现有资产和月结余情况，实现难度不大，但需要对资产重新进行合理配置。

首先，准备家庭应急备用金，正常家庭是3~6倍足以，考虑到东风先生家庭收入稳定，因此安排2万元便可，分两份，其中1万元存活期，两外1万元配置货币基金。

因为不建议提前还贷，因此还要定存2万元，国债10万元，基金股票各1万，共计14万元，建议增加基金配置比例，调低国债配置比例，具体国债、基金、股票比例可以参照3：6：1比例，即4.2万配置国债，8.4万配置基金，1.4万配置股票。基金可以投资到混合基金和股票基金的组合上，股票市场目前估值低，属于市场底部区域，应选择蓝筹股长线投资。这样下来，整体资产的预计年化收益率将是9.65%，5年后，收益加本金，共22.19万。

另外结余方面，将没有结余8800元中的5000元定投一只指数型基金，按预计收益率6%，5年下来，本金加收益为34.88万。这样，5

年后，就共有57万，足以全款付清房款了。

资产配置收益预计表

金融工具	国债	基金	股票	合计
配置金额（万元）	4.2	8.4	1.4	14
配置比例（%）	30	60	10	100
预计年化收益率（%）	5.5	10	20	
按权重算资产年化收益率（%）	1.65	6	2	9.65

注：此表中的预计年化收益率是基于目前的市场环境及过往同类理财工具的收益来预测，仅作为参考。

第三部分
幸福人生的三大关键投资

第10章
婚姻，人生最大的投资

人们无时无刻不在追求幸福的人生，而幸福的婚姻是幸福人生的基石，没有这个基石，一切都是空中楼阁。巴菲特说过："他人生中最大的投资就是对婚姻的投资"。巴菲特说：结婚才是人生最大的投资，我年轻的时候曾与我们州最漂亮的女孩约会，但最后没有成功。我听说她后来离过三次婚，如果我们当时真在一起，我都无法想象未来会怎么样。所以，其实你人生中最重要的决定是跟什么人结婚，在选择伴侣上如果你错了，将让你损失很多，而且，损失不仅仅是金钱上的。

美国有一项调查发现，离婚会使一个人的财富比单身减少四分之三，而夫妻家庭的财富会比单身增加一倍。

对于女性，美国有句俗语叫作要想脱贫就去嫁人。女性生活得好，并不是说只有嫁给富人才能改变命运，最简单的说法是：夫妻两人过日子比一个人奋斗可以更快地积累家庭财富。说到投资，人们会想到买房，投资股市等。但对于年轻人而言，投资婚姻可以说是人生最大的一笔投资，美满的婚姻是积聚财富的基础。美国专门研究富豪婚姻学的专家斯坦利曾说，有些人之所以能够成为百万富翁，主要是在人生一些重大问题上能够做出正确的选择，这其中之一便是选择配偶有眼光。

✕ 幸福婚姻的投资哲学

我们选择婚姻伴侣，然后组成家庭，是人生的必经阶段。其实，婚姻对于我们财富的影响是非常重要的。中国有句古话"成家立业"，很多父母长辈都会告诫年轻人，先成家、再立业，就是说成功幸福的婚姻对事业有非常大的推动作用。事实上，我们身边有非常多这样的案例，原本事业一般的人，经过结婚之后，事业就开始顺风顺水，加上个人更加努力地工作，然后事业就出现了明显的转变。其中内在的原因是，婚姻可以让一个人更加成熟，也会让男女双方更加有动力去努力赚钱，这样就更容易在事业上取得成就。

根据美国学者研究发现：美国的夫妻家庭所拥有的财富远远高于单身男女所拥有的财富，单身男女所拥有的财富明显比夫妻家庭差一大截，而单身女性所拥有的财富更是居于下风。这个研究结果说明，婚姻除了能推动个人或家庭的事业，还对家庭财富有直接的影响。其实，成功幸福的婚姻，能全面提高家庭的赚钱能力、使用和管理金钱的效率，即理财能力。

单身阶段的时候，是自己赚钱自己花，因此，挣多少花多少，毫无压力，结婚之后，需要考虑买房、买车、养小孩等方面，经济压力开始凸显，赚钱的欲望和动力开始明显提升，开源节流成为家庭的理财策略，开始有计划地存钱与理财。

成功幸福的婚姻，往往都能明确分工，让家庭赚钱能力、管钱能力明显提升。身边就有这样的夫妻，老公承担更多的赚钱责任，妻子承担控制日常消费支出，管理日常结余闲钱，通过这样的分工，发挥了彼此的优势，男方更加专注于事业，女方更加专注于家庭，能让家庭财务更加健康，进入良性循环。

我身边的客户朋友，绝大多数家庭在财务上的分工也是如此。老公负责更多的赚钱责任，把时间精力花在事业上，考虑如何"开源"，而妻子则承担更多的管钱责任，控制好日常支出，安排好各种储蓄和投资理财。其实，很多女性在财务上有天生的意识优势，能比一般男性把财务安排得更好。

现在很多女性流行不婚，而且单亲家庭尤其是女性单独抚养孩子的比例不断上升，这种状况对女性积累财富造成的影响较大。美国低收入家庭很多是单亲家庭，养儿育女的负担往往由单身妈妈一人承担，别说积累财富，能把日子过得舒心就已经算是烧高香了。可以说，对于女性而言，要想积累更多的财富，单打独斗比较艰难。

既然幸福婚姻对我们的事业与财富如此重要，那么我们该如何选择自己的婚姻伴侣，其中的投资哲学又是什么呢？

自古以来，人们习惯于男婚女嫁这种说法，女性经济地位不高，往往容易成为男性的附属品。中国有句流行语叫作"学得好不如嫁得好"，但美国的流行语却是"学得好才能嫁得好"。

在1967年，美国有三分之二的女性会说，她们会因为男人具有良好的赚钱潜力而嫁给自己不爱的人。而到了21世纪的今天，美国87%的女性认为拥有一个合得来的男人更重要，男人可以亲密相处、可以帮助做家务，这些比男人能赚钱更重要。

根据统计数据，美国30～44岁夫妻家庭中，高中以下教育程度女性嫁给中上收入男性的比例只有21%，高中教育程度女性嫁给中上收入男性的比例有所提高，为38%。大学以上教育程度女性嫁给中上收入男性比例最高，为68%。

同时，女性收入提高了，男性在选择高收入女性上有了更多的机会。同样对于男性而言，要想娶到收入较高的女性，自己也得有两把刷子。美国高中以下教育程度男性能娶到中上收入女性的比例为30%，高中文化程度男性娶到中上收入女性的比例为47%，大学以上教育程度男性娶到中上收入女性的比例为54%。美国女性讲究独立，嫁得好不意味着一定要嫁给有钱人。从数据中可以看出，在20世纪70年代，即使是大学毕业的美国女性也更喜欢嫁给教育程度高和收入高的男人，但到了2007年，女性并不把高学历和高收入的男人再看作是理想的丈夫。

女性收入的提高，也大大加强了女性在家中对财务决策的决定权。在丈夫收入高于妻子的家庭，有35%的家庭对于财务的决定权是由丈夫说了算，36%的家庭由妻子说了算，28%的家庭是夫妻共同协商。而在妻子收入高于丈夫的家庭，有21%的家庭对于财务的决定权是由丈夫说了算，46%的家庭由妻子说了算，33%的家庭是夫妻共同协商。人们常说女人当家，而妻子收入超过丈夫，这家就当得更大。

美国有很多专家研究婚姻与财富积累之间的关系，大部分人的结论是夫妻同甘苦、共患难，在生活中取长补短，相互扶持是一个家庭财富不断积累甚至是可以成为富翁的基础。在美国人眼里，不论男女，独自一人闯天下不可谓不难，有了钱包二奶、养小三，那算不上是享福，而是在找罪受。虽然美国一些有钱人风流韵事也挺多，但大部分富人还是抱有传统家庭观念和家庭价值观的。特别是在婚姻上，如果出轨，恐将付出高额的经济代价。

根据统计数据，美国92%的百万富翁家庭是已婚的夫妇家庭，这些富人平均的婚龄是28年，其中四分之一的富人与另一半结婚的时间超过38年。与其他收入人群相比，美国富人的离婚率不高，仅是其他收入人群离婚率的三分之一。即使离婚，大部分富人还会再婚，绝不过孤男寡女的日子。

根据调查，在成为百万富翁的已婚男女中，大部分人在年轻时的择偶条件对他们未来的生活产生很大影响。男性对女性的要求不是脸蛋漂亮、身材标致，女性对男性的要求也不是英俊潇洒、非得1.8米以上。

成为百万富翁的美国人年轻时的择偶条件其实很传统，他们对另一半的要求往往多集中在人品而不是外表。例如，对方要不自私、要有爱心、要能够包容、要有耐心、要能够理解他人、要有教养、要为人善良。富人家庭的女性认为自己丈夫要具备5种美德，这包括诚实、负责、关爱、有能力和可以信赖。富人们第一次受到女性吸引的是她们的外表，但要想成为夫妻，男人则更希望女性具备智慧、真挚、快乐、可以信赖和可爱的特质。同时，更多的男性还希望自己未来的妻子要有雄心壮志，并有可以赚取高薪的潜力。学者认为，这种择偶条件不仅有助于维系长期美满的婚姻，也有益于家庭财富的积累。

丈夫要有雄心妻子要善持家

如果观察美国富人的家庭，会看到一个有趣的现象，即男性是家庭收入的主要来源。而在夫妻组合上，美国最能够有效积累财富的富人家庭，丈夫往往接受过良好的高等教育并在事业或是创业上雄心勃勃，而背后则有接受过良好高等教育、节俭并同心同德的妻子做支柱。接受过高等教育是美国富人家庭夫妻的一大特点。在富人家庭中，90%的丈夫和85%的妻子接受过高等教育。这些夫妻聪明、有智慧，夫妻间也能看到对方所具有的聪明才智，并将双方的聪明才智在生活中发扬光大。尊重对方的聪明才智是美国富人家庭维系良好婚姻的基础，95%富人家庭的男性将妻子的聪明才智视为最主要的美德之一，99%富人家庭的女性将丈夫的聪明才智列为应具备的各种美德之一。

在积聚家庭财富的过程中，美国百万富豪家庭夫妻更注重共同关注家庭理财，比如设立家庭财务预算、计划和实施投资方案、设定财务目标以及开公司创业等。在富人家当太太过的未必是锦衣玉食的生活，家庭主妇勤俭持家是最好的美德之一。

也许人们想不到，美国70%的百万富豪家庭家人的鞋子破了不是扔掉买新的，而是修修补补再穿。48%的百万富豪家庭的家具有破损会修理、旧家具重新刷油漆后以旧翻新。57%的百万富翁家庭为了节电，会对用电量进行控制。71%的百万富豪家庭购买日常用品会货比三家，以节省资金。还有49%的家庭购物时使用折扣券，49%的家庭到折扣商店购物。

在住房上，大部分美国百万富翁并不追求"家大业大"，而是量力而行，超过一半的百万富豪住宅不超过4个卧房。70%的百万富豪是在房屋市场上挑选住宅，而不是由建筑商专门为自己设计和建造住宅。美国百万富豪的日常生活主要集中在家庭、朋友和管理财务上，他们日常的主要活动也是围绕着上述项目来展开。93%的百万富豪会常与子孙交流，88%的富豪常与亲近的朋友相处，86%的人规划投资，78%的人研究如何投资，还有67%的人喜欢摄影。

虽然80%的美国百万富翁家庭男性是收入的主要来源，但95%的百万富翁家庭男性认为妻子在家庭经济上的成功起着巨大的作用。美国的富翁大多白手起家，夫妻共同经历过差钱的时光。收入减少时，要过着节衣缩食的苦日子，甚至还面临生意破产的危机。美国50%的离婚案是由于家庭经济出现危机，日子过得艰难而夫妻分手。但绝大多数美国百万富翁的妻子在家庭面临经济压力之时没有与丈夫分道扬镳，这也是后来他们成为百万富翁家庭队伍一员的一个主要原因。如果一个女人只是为了生活得好而嫁给收入高的人，在男人落难之时就容易飞向它枝。调查的结果显示，美国百万富豪家庭夫妻面对经济压力时，往往是双方以相同的态度、追求和价值观念面对生活，为了长期的经济稳定可以牺牲短期的物质享受。

其实，很多华人富豪，事业成功的背后也得益于成功的婚姻经营。像有华人"经营之神"之称的王永庆、华人首富李嘉诚，在创业初期，都非常艰难，靠着另一半的全力支持与奉献，一起同甘共苦，跨过人生最艰难的时光，后来成就了辉煌的人生。

因此，作为中国的年轻人，也应该拥有正确的婚姻观念，做好婚姻这项人生最大的投资，让幸福美满的婚姻为财富人生打下坚实的基础。婚姻，或许成为我们一生当中最大的财，也或许成为我们一生中最大的债。所以，要好好经营婚姻这项投资，让婚姻成为我们一生当中最成功的投资。

🎗 年轻人如何理好婚姻这份财

婚姻，对于每一个年轻人而言，是摆在面前的一件人生大事。婚姻涉及年轻人如何选择伴侣，安排结婚，然后准备生小孩的过程等等。

在上面的部分，我们已经探讨过婚姻的投资哲学了，知道了婚姻其实就是一场人生最重要的投资，对我们未来的财富人生起着非常关键的作用。

对于结婚，有些人会追求物质，选择有钱人结婚，就像非诚勿扰里面马诺那句经典"宁愿在宝马车里哭，也不愿意在自行车后笑"；有些人会选择爱情，坚守属于自己的那份爱情，不考虑物质；还有一些人会兼顾爱情与面包，取两者之间的平衡。当前电视和网络热播着各种关于婚姻生活的电视剧，让现代婚姻问题得到更多的关注与讨论，"裸婚""闪婚""试婚"等新鲜词汇层出不穷，时下的年轻人又是怎么看待婚姻这个事情的呢？

"裸婚"是指不买房、不买车、不办婚礼甚至没有婚戒而直接领证结婚的一种简朴的结婚方式。"裸婚"与当下物欲横流的社会形成激烈冲突，对于正在经历婚恋的80后来说，对"裸婚"投以崇高敬意并信心满满的人，和那些嗤之以鼻等着看好戏的人，都不在少数。一部《裸婚时代》，则引起了又一波物质与爱情的讨论。而在北京这样的大城市，"无房不婚"的观点正被越来越多的人抛弃。或许是爱情信仰的回归，或许是对现实的无奈选择，近半数的人开始接受租房结婚，"裸婚"越来越流行。

近日，中国青年报社会调查中心对3214人进行的在线调查显示，47.5%的人表示能接受自己或家人"裸婚"，23.3%的人则表示不能接受，其他29.2%的人表示不好说。受访者中，"80后"占47%，"70后"占33.5%。

怎样才算"裸婚"？调查中，受访者给出的排序依次是：没房（89.5%），没车（78.4%），没钻戒（67.1%），不办婚礼（60.1%），不度蜜月（52.2%）等。

面对"裸婚"现象，人们心态复杂，观点不一。本次调查显示，55.4%的人认为"裸婚"是一些年轻人的无奈选择；54.2%的人认为在当今社会"裸婚"需要勇气；42.7%的人认为"裸婚"很辛苦，要比别人多奋斗好多年。

浅谈子女教育规划

"望子成龙，望女成凤"是每个父母的心愿。如何为子女筹集一笔充足的教育经费成为父母们的头等大事。据中国人民银行的调查显示，城乡居民储蓄的目的，子女教育费用排在首位，所占比例接近30%，位列养老和住房之前。

中国有句古话叫"穷什么不能穷教育"，这句话道出了子女教育对于家庭未来的重要性。高等教育水平已经成为每个孩子进入社会的第一条起跑线，每个父母都不希望自己的孩子输在起跑线上。随着市场对优质人力资本的需求增大，接受良好的教育成为提高自身本领和适应市场变化的重要条件，在市场经济条件下，劳动者收入与受教育程度成正比例关系。

因此，如何准备好子女教育金就成为家庭的首要问题。

随着人们对接受教育程度的要求越来越高，教育费用也在持续上升，这使得教育开支的比重越来越大。数据显示，2005年教育花费占农村家庭收入32.6%，占城市家庭收入25.9%。除此之外，有调查表明，国内有36%的家长有意愿送子女出国留学，对每个家庭而言，除非公费，出国留学费用都是一笔不小的负担。

那么，关于子女教育金规划，我们该按什么步骤去规划呢？一般来说，子女教育金的规划，可以按照以下几个步骤。

第一步估算教育基金总费用，是指根据孩子的特点和家庭的实际情况，确定孩子的预期教育程度，并根据当前教育的费用水平，估算出目前所需要的费用。这也是制定教育金计划的基础。

除了通胀率本身，教育费用也有一个显著的增长幅度，有了第二步设定教育费用增长率，才能精确地了解所需教育金的金额。各个国家的教育费用增长率都不尽相同。

第三步计算出资金缺口，是专业性很强的一个步骤。家长们需通过现有积累和未来所需教育基金的规模，计算出教育基金还需要投入的金额和资金缺口。

第四步选择适合的投资产品则尤为关键。家长们可以根据风险偏好和理财期限，选择适合的理财产品及产品组合，并严格按照计划进行资金的投入，逐步建立起教育基金。

在初步建立起教育基金的基础上，最后一步审视投资计划并调整也十分关键。一方面家长们需要对投资产品的表现进行跟踪，并做出筛选和调整；另一方面，教育基金投资计划的风格要随着教育金的需求时间逐步趋向于保守，以确保教育金的安全。

而子女教育金规划的核心，就是计算资金需求和投资工具的选择。

与其他规划相比，子女教育金是最没有时间弹性与费用弹性的理财目标，因此更要预先进行规划，才不会使父母有因财力不足阻碍子女前进的遗憾。规划子女教育储备金是一项时间较长的投资，所以家长应该及早准备，并选择一种能够与孩子一起"成长"、具有长期投资优势的理财工具。子女教育金有着很强的专款专用性质，不应做其他安排。

目前，市面上的子女教育规划工具，有多种选择。有传统的教育储蓄和教育保险，还有近年比较流行的基金定投与投连险。我们可以比较这些不同工具的优劣势，选择最适合自己的。

（1）教育储蓄

教育储蓄的主要优点是无风险，收益稳定，且较活期存款相比回报率高。但是，它也有很大的局限性。

a. 能办理教育。储蓄的投资者范围比较小，只有小学4年级以上的学生才能办理教育储蓄。

b. 规模非常小。教育储蓄的存款最高为2万，而且教育储蓄按开户日利率计息。

其最大的特点可享受优惠利率，以存款形式储备教育经费在未来可能远远不能满足需求。因此，单凭教育储蓄肯定无法满足孩子教育金的准备。

（2）教育保险

相比教育储蓄，教育保险具有范围广、可分红、强制储蓄以及特定情况下保费可豁免等优点。

所谓保费豁免，是指保单的投保人如果不幸身故或者因严重伤残而丧失缴保费的能力，保险公司将免去其以后要缴的保费，而领保险金的人却可以领到正常缴费一样的保险金。这一条款对孩子来说非常重要，这是和教育储蓄有本质的区别。

总体来说，教育金保险最大的优势在于它的保障功能，并非最有效的资金增值手段。除在高中、大学可领取教育金外，若缴费期内家长身故或高度残疾，可免缴以后各期保险费，但保险合同继续有效。大多数教育金保险，还可附加各类性价比较好的医疗和意外伤害保险。

（3）基金定投

定期定额投资基金具有"长期投资、积少成多"的优势，因而是为孩子准备教育储备资金的一种理想方式，这种方式较适合具有专业投资知识基础的家长们，如果没有，则更需要专业理财师来协助完成。

基金定投作为一项长期投资，能有效分散市场带来的风险，对未来有资金需求的人来说是一个较好的选择。虽然股市有涨有跌，但从历史经验来看，股市长期的走势是向上的，基金定投能够以市场平均成本获得较高的回报。如果定投的时间可以延续20年、30年或40年，其复利和分摊成本的效果将十分明显。

而且，由于家长有较长的时间准备子女的教育资金，长时间的基金定投可以有效分散市场风险，因此可以选择收益率高的成长型基金品种，在较长的时间中，通过定投获得较为丰厚的投资回报，从而获得尽可能多的资金，为孩子的未来做好充足的准备。

（4）投资连接保险

投资连接保险，简称投连险，又名FOF，与基金定投方式类似，只不过，它是保险公司推出的一种基金组合投资平台，在投资的同时，兼顾保障。可以转嫁父母面临的人身、疾病风险对子女的教育金积累的影响；投资收益与资本市场的表现相关，潜在的收益会较高；多种风格不同的账户设置，可以灵活的配置资产，坐享稳定的资产增值。

然而，它在投资的初期会有一定比例的初始费用，初期支取账户里的资金需要支付相应的手续费。

事实上，教育是一笔庞大的支出，需要长时间、较高额度的投入。因此，本人鼓励家长们应尽早建立教育基金计划，并进行一定的筹划，选择正确的投资工具，就可轻松规划教育金。对于一般家庭，建议可以寻找相应理财师来帮助其规划子女教育金，这样才能更加轻松自如地实现。

我的一些客户当中，有不少都是在准备要小孩的时候，就已经开始准备子女教育金，而绝大多数都是在孩子3岁之前准备的。通常，小孩的高等教育金，即大学本科阶段加上出国那部分，这种教育期望的，基本费用在120～150万左右（算上通胀因素），如果在小孩1岁时准备，在18岁读大学时准备好这笔钱，按年化收益10%算，则每月定投3000元左右便可筹得。

单身妈妈为自己和儿子规划未来

潘小姐，35岁，小孩6岁，建筑设计师，年收入40多万，家庭年支出20多万，投资房产两套，存款30万，父母赠予100万。

潘小姐经朋友介绍认识了我，经过沟通发现，潘小姐刚结束一段婚姻，现在自己也打算换工作，之前因为工作的需要，经常加班加点，让她没有足够的时间和精力来经营家庭，而现在，她已经想得非常清楚了，这样的生活状态并不是她想要的。她想要的是一种更自由，自己喜欢的，更能有成就感的职业，另外希望能有更多的时间陪伴儿子一起成长。

目前，潘小姐在看"富爸爸穷爸爸之财务自由"系列丛书，里面提到的财务自由，就是她一直期待的生活方式。所以她找我来协助她好好盘点自己的财务资源，根据这些财务资源估计自己如何才能实现未来想要的生活，我就帮助她理清自己的人生目标，根据这些人生目标制定一份理财计划。

财务诊断：潘小姐属于高收入的专业人士，支出也不小，但由于婚姻和工作的变化，未来收入将发生重大改变。资产方面，除了两套房产加30万现金，就没有其他的了。资产单一，两套投资房产都有贷款，租金基本覆盖了贷款利息，整体而言，房产类固定资产比例太高，资产变现能力不足，另外存款比例过高，增值能力跑不赢通胀。因此在这样的收入支出、资产负债情况下，要实现未来的生活方式，不是一下子就能做到的，需要一个长期的理财计划。

潘小姐的梦想是自己能有一份轻松自在、享受并热爱的工作，然后可以不断地通过学习和旅游的方式去提升自己，让自己成为一个物质与精神都富裕的人，这是一个高品质的生活追求。同时，希望能把小孩顺利培养成人，不让小孩因为单亲家庭影响成长。而担忧就是自己的这些梦想需要良好的财务支撑，现在自己手头的财务资源又有限，自己的职业转换又不知道是否顺利，此过程带来的收入不确定，就是潘小姐内心的一丝隐忧。

因此，根据潘小姐的财务状况及人生梦想，首先要考虑清楚自己的职业规划，选择一份能同时满足收入与自由度的工作，可以考虑向自由职业者或设计工作室方向转型。在财务方面，出售一套房产，减少存款比例，这样腾出更多的闲置资金投资到一个资产组合，这个组合可以是由基金、债券、投资类保险共同组成。而这些组合回报，未来能解决教育金与财务自由需要的现金支出。最后就是加强家庭保障，配置一份重大疾病保障，定期寿险与意外险。人生规划结合理财规划，就能理出更加精彩的人生！

案例总结

其实，理财就是理人生。潘小姐的理财规划首先就是要理清自己的职业与人生规划，只有这样才能弄清楚自己从哪来、要到哪里去的人生终极问题，财务安排才能为自己的人生梦想铺路。

第11章
房子，让我欢喜让我忧

最近有个调查：就是问适婚女孩，考虑选择结婚对象最看重的条件是什么？结果显示，近80%的女性选择了房子。也就是说，房子已经成为女性选择伴侣的最基本条件。近几年，房价不断上涨，让普通老百姓难以承受，房价已经成为人们谈论日常谈论的焦点话题，也成为民众心中挥洒不去的痛。

到底是什么让房价居高不下呢？前段时间，网上有个帖子给出了自己的独特的结论：中国的丈母娘推动了国内的房价持续上涨！其基本逻辑就是中国的丈母娘在选择女婿时，一条基本原则就是要有房子！

高房价，已经让很多80后成了房奴，到底是租房还是买房，也成为他们婚前的两难抉择。如何才能避免成为房奴，掌握房产投资之道呢？下面我们一起来深入探讨。

✦ 买房VS租房

房子，已经成为结婚的首要条件，也成为安居乐业的象征，很多热播电视剧都以房子为主题，像蜗居、裸婚时代等，无不反映现代年轻人在高房价下的价值观与婚姻观的变化，

没有房子，意味着没有家的感觉，在中国传统观念里，房子已经成为家的代名词。工作不久的年轻人，已经为爱侣"有房才结婚"或"安居才能乐业"等观念所困扰，宏观调控下的房价，到底

是会跌还是会悄然上涨，如果现在不买房，会不会一辈子买不起，各种形势压力下，年轻人在买房路上苦苦思索。到底是买房还是租房，成为困扰年轻一代的头疼事。

结婚买房是"刚性需求"，没有房子就没有老婆，因此，80后年轻人成为购房主力军。然而，在北上广深等一线大城市，均价都在2万以上，一套新房动辄就上百万，首付加装修款，最少都在50万以上，对于工作不久的年轻人来说，这实在是不能承受的，因此，不少年轻人也变成了"啃老族"。

商务部发布的一份中国计划市场发展报告指出，全国城镇结婚消费中，有81.6%的新人得到了父母们不同程度的财力支持，其中主要的就是买房子。年轻人买房"啃老"，已成为普遍现象。这对于一些经济条件宽裕的家庭倒还好，但对于很多普通家庭来说，就成了一个非常大的负担。很多80后父母都是工薪阶层，好不容易把孩子供到大学毕业，本以为可以开始享受晚年生活，没想到一路高涨的房价，让年轻人买不起房子，做父母的又得为孩子的房子操心了。于是乎，很多老人把自己的养老钱拿出来帮小孩付了首付，再让孩子自己每月还按揭。我身边不少同学朋友，就是在父母的资助下买了婚房，然而，对于一些比较晚结婚买房的朋友，父母加上自己的积蓄，面对高房价，也是杯水车薪，只能望房兴叹。

面对疯狂的高房价，有些人会失去理性思考，不顾一切地选择购房，而另外一些人，开始理性思考，是买房合算还是租房合算呢？在前几年，如果有人问你租房合算还是买房合算时，大多数人应该都会回答：有钱，当然是买房合算。"租房子就是为房东在打工，而贷款买房则是在为自己打工。"谁都想拥有一个属于自己的家，而租的房子不是自己的家。但是最近两年，选择租房结婚，认为租房比买房合算的年轻人越来越多，我身边有不少年轻人就选择了先租房结婚，等小孩大点再考虑买房的打算。租房VS买房，到底哪个更划算，让我们从经济上算一算。假设在深圳买一套位置尚可的房子，按保守两万1平方计算，需150万，首付3成45万，加上装修款10万，另外贷款105万，30年，月供6000多元，租同样标准的房子，只要3000多元，也就是说住同样的房子，每年多花4万，30年就是120万，加上首付及装修款55万，共计多出175万元。如果算上这55万元和每月多出的3000元，通过将没有支出的首付款和装修费合理地理财，投资到收益更高的地方，每年按8%的投资收益计算，30年后，可得到990多万，足以买下很多套房子了。

分享身边一个真实案例，一个朋友李先生，家庭年收入20万，已到结婚年龄，双方父母多次催促结婚事宜，由于女方家庭的压力，不得不考虑购房。最后在一个地段尚可处购下一房产，总值220万，首付66万，就把自己多年的所有积蓄50万，另外还跟亲戚借了一部分，其余房款通过银行贷款，每月供款8000多元。一下子，我这个朋友从手头还算宽裕的情况转变为一个典型的房奴，银行基本没有闲钱，每月也得开始省吃俭用，加上养车和其他日常支出，勉强够过生活，想到一旦小孩出生压力更大，就倍感无力，身心疲惫。

据调查，在九成多的房贷者中，有三成以上的人成为房奴。"房奴"，就是指那些月供额占其收入50%以上的房贷一族，这些人不敢娱乐、旅游，害怕银行上涨利息，担心生病、失业，更没有时间享受生活，心理极度恐惧。

这些人，由于每月收入的一半多都要用来还房贷了，因此生活水准大打折扣，被迫放弃许多正常的娱乐和享受，幸福感也随之下降，生活完全被房屋贷款牵着鼻子走。他们不再是自己的主人，而变成了房子的奴隶。

因此，到底是选择买房合算还是租房合算，仁者见仁，智者见智。但有一点，是必须清楚的，那就是需要"量力而行"，毕竟买房是为了提高生活质量，如果背道而驰，因为买房而降低生活质量，那就该三思而行，暂时买不起房子的年轻人，不妨先加入租房大军，等过几年手头宽松再考虑买房也不迟！

浅析房产投资

最近1年，很多朋友都问我，怎么看未来的房价，手里的房子到底该不该卖掉，未来房价是涨还是跌？在我看来，随着城市化不断加速，国内资产货币化的转变，房价长期来看，还是具有一定的上涨空间，但伴随着国内房地产市场泡沫的不断出现，中央已经非常清楚房价已经绑架了中国经济，从而把压力转嫁到了普通老百姓身上。因此，高房价已经严重阻碍国内经济转型，为了调整经济结构，中央进行了史上最严厉的房地产市场调控。因此，短期内房价下跌也不是没有可能，这样，房价就有向上和向下的两种可能。其实，任何资产都有上涨和下跌的可能，我告诉很多朋友，中国房地产黄金十年已经成为过去，投资房地产的风险已经比过去更高了。作为理财师，我更多的是考虑其资产配置的比例是否合理，而不是房地产能否投资的问题。

在国内，有非常多的朋友热衷于房产投资，因为有一大批人通过房产投资走上了快速致富的道路，而房产投资是一种看得见摸得着的投资，比金融资产更实在的感觉，因此，有很多投资在资产配置方面，都把房产配置得非常多。

未来的房地产市场到底走向何方呢？

从2010年的"国十条"，到去年的"限购""限贷"令，再到最近的"国五条"，以及呼之欲出的房产税等条例，让整个房地产市场更加扑朔迷离了。

目前对于房地产宏观调控而言，最困难的是房地产市场已经产生了分化。包括广州、深圳在内的一线城市，是去年以来房价上涨的热点区域，其他沿海城市如厦门等，房价也处于急速上升的通道。与此同时，鄂尔多斯、温州等城市的房地产价格大幅下挫，已经导致当地的金融链条出现裂缝，银行的呆坏账上升。

因此，我认为，未来国内的房价会出现分化，不同的城市和低端的房产会有不同表现。下面，我想跟大家分享几个判断房价是否过高的方法。

房价收入比，反映了居民家庭对住房的支付能力，该比值越高，支付能力就越低。房价收入比是指住房价格与城市居民家庭年收入之比，一般国际上的通用标准是3～6。以深圳为例：2012年一套福田区90平方米普通新房，单价以3万元计算，共270万左右。若一个工作5年的家庭想买房，假设夫妇俩家庭月收入10000元，年收入就是12万元。这样算下来，用270万元的房价除以12万元的年收入，比值为22.5，也就是说这个家庭需要工作将近23年，然后不吃不喝，才能买得起这套房子。也许你会觉得这是符合欧美国家的国际标准，根本不适合中国。那么让我们来看看日本东京的情况吧。

以2010年为例，在东京市中心买一套建筑面积100平方米的公寓，要花费3000万日元（241.2万人民币）。东京市民的年收入约为300万日元左右，房价收入比也就是10左右。而目前我国一线城市的房价收入比已达到25以上，早已远远超过了国际标准。

租售比，是指房屋租金与售价的比例，通常我们所说的租售比，是指每平方米建筑面积的月租金与每平方米建筑面积的房价之间的比值，也有一种说法认为是每个月的月租与房屋总价的比值。房屋租售比是国际上用来衡量某地区楼市运行是否过热的指标之一，国际标准通常为1：200～1：300。我们按本章第一节中提到的三居室为例，售价是270万元，月租金按5000元算，那么此套房的租售比为1：540，也就是说，如果靠租金收入的话，此房要租45年以上才能收回本金。而且这还没计算税金和装修费，因为毛坯房是很难租出去的。从房租收益率来计算，一年的租金是6万元，只占房价约2.2%，也就是说一年的租金收益率只有2.6%，比银行的一年期定期存款利率还低。而且，在北上广深一线大城市，租售比有些区域已经到了1：600，靠租金需要50年才能收回成本。

从租售比的计算方法来看，我国的租售比严重超过国际标准，有两个原因：一是房价太高了，二是租金太低了。虽然近期的房租上涨比较明显，但租售比仍然高居不下，说明租售比的高企主要还是由房价过高所造成的，而非房租低的原因。

我们再来看另外一个指标，那就是月供收入比，它指的是个人住房按揭月供款与家庭每月可支配收入比。在欧美国家，这个比例一般控制在28%～35%，如果超过35%，则个人负担过重，不仅挤压个人的其他消费，而且会降低家庭的生活质量。因此，月供收入比是一个能基本反映刚性需求的指标。为了统计方便，以当地一般地段的90平方米的房子作为标准，首付后月供收入比若超过50%，当地购房的刚性需求就会逐渐衰退，很多专家在解释房价为何将继续上涨的原因时，经常会引用到"刚性需求"。但是从月供收入比的角度讲，如果当地的这一比率已超过50%，那么至少可以说明当地的刚性需求已经无法承受房价之重。如果此时房价继续上涨，那就只能是由投资性甚至投机性需求推动的。

根据中国社科院发布的2011年《住房绿皮书》显示，目前国内绝大多数城市的月度偿付率（即月供收入比）在大多数月份里高达50%以上，较高的城市主要集中在北上广深等一线城市，而北京超过100%的比率位居全国首位。超过100%的这个比率放在别的国家是不可想象的，因为这意味着不吃不喝把所有的钱都来缴月供还不够。而在中国，这种现象是比较普遍的，很多两口子买房都会用上双方父母的钱，月供也是一样，自己不够供楼的，还需要父母来支持，这种集全家之力去买一套房子的方式，我认为是不可取的，如果为了买房子而把全家都变成房奴的话，那么还不如去租房。

因此，综合以上三个指标，房价收入比、租售比、月供收入比，可以明显看出，目前国内房价是过高的，特别像在鄂尔多斯、温州、三亚等地，房价几乎都是由投资或投机热潮带来的，这可以从当地的房子空置率情况反映出来。

如果是投资的需求的话，不建议在此时入手。针对近期业内热传说房产税将在明年推出，我建议如果手上房产有多套的话，可以考虑卖出一些，毕竟房产税会增加投资成本，抑制投资及投机客，而加上各种宏观调控政策，房价未来一定时间有可能出现下跌，到时如果想出手，也未必能及时套现。因此，如果有些朋友热衷于投资房产的，我会建议可以考虑一些地段好、有升值潜力的商铺和CBD中心区的写字楼。

房贷的学问

说到买房，自然离不开贷款买房，那么市面上到底都有哪些房贷方式呢？哪个又是最适合自己的呢？下面，我们就来一一了解。

各种贷款方式中，公积金的贷款利率是最低的，那么，它和商业贷款到底有多大差别呢？看看下图就一目了然了。

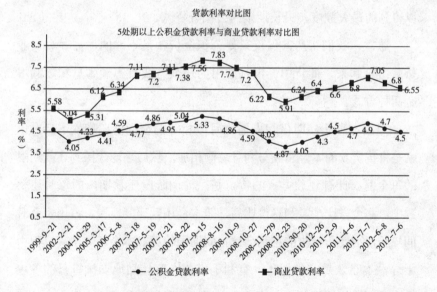

贷款利率对比图

5处期以上公积金贷款利率与商业贷款利率对比图

根据2012年7月6日的最新利率，若是5年以上的贷款，个人住房公积金贷款利率为4.5%，而商贷则为6.55%，公积金贷款足足可以省31%左右。一般，一线城市最高可贷款额度在50万，二线城市为30

万～40万，另外，家庭各成员的公积金贷款额度可合并，总计最高额度为80万。贷款年限为1～30年，一般来说，借款人只要连续缴存住房公积金12个月以上，且申请贷款时处于缴存状态，就符合申请条件。当然，各地关于申请公积金贷款的条件和额度的规定都不完全一样，所以在贷款前需要参照当地的住房公积金管理中心的相关规定进行申请。

举例子，假如需要贷款50万元，商业贷款30年，按最新利率6.55%算，本金加利息共需还款1143648元，如果换成是公积金贷款，按利率4.5%算，则本金加利息共需还款额为912033元，两者相差竟为231614万。

因此，买房贷款，应首先考虑公积金贷款，而且应申请资金可以得到的最大额度，最长期限的公积金贷款。

通常，我们买房，仅仅只要公积金贷款是不够的，需要和商业贷款组合起来，商贷中，银行常用的还款方式有等额本息和等额本金两种方式。

等额本息法，即借款人需每月按相等的金额偿还贷款本息，也就是将按贷款的本金总额与利息总额相加，然后平均分摊到还款期限的每个月。此种还款方式的特点是，前面阶段还款期内的每月还款额中，本金占比少，利息占比高，即本金还款速度较慢，占用资金时间较长，因此所产生的利息会比相同期限的等额本金还款法高。但由于等额本息法是定额偿还，有利于借款人有计划地安排每月的各项支出，而且相比等额本金法，它在开始阶段的还款压力也会小一些，因此，它是目前银行最普遍的还款方式，非常适合刚毕业不久的白领，他们的收入呈现递增情况，这样可以让他们减轻月供压力。

另外一种是等额本金法，是指整个还款期内每期还款额中的本金都相同，而偿还的利息逐月减少，这样，每月应还的本金加利息之和就会相应逐月减少。这种方式的好处就是能节省利息，借款人支付的利息总额比等额本息法少，但是，它在还款初期中的还款压力要相对大一些。因此，它更适合目前收入较高，未来一定时间可能出现收入降低的朋友，此外，也适合希望能降低整体利息支出，在未来希望提前还款的人群。

目前，在市面上还有各式各样的新型还款方式，像"气球贷"，"双周贷"等等。

所谓"气球贷"，顾名思义，就是像气球一样形象，前小后大，即贷款前期的每期还款额比较小，但在贷款到期日还款金额较大的一直方式。"气球贷"是一种采用全新还款方式的房贷产品，其利息和部分本金分期偿还，剩余本金到期一次偿还。它的主要特点就是贷款期限短，可以选择的期限多为3年、5年或10年，但以较长的期限（譬如30年）来计算月供，此外，由于它的贷款期限短，相应的贷款利率也会低一点，这样，每月还款压力就少了许多，实现轻松还贷。比如选择5年的"气球贷"由于贷款期限短，贷款利率低，又按20或30年的期限来计算月供，这样可以减轻这5年的还款压力，等贷款到期时把剩余未偿还的本金一次性还清即可。所以，"气球贷"最吸引人的地方就是：一方面可以享受短期贷款比较低的利息，另一方面又能享受长期贷款的低月供。因此，"气球贷"比较适合目前资金比较紧张，而未来5～10年内将会有大笔收入的人群。"气球贷"是一种真正省息的房贷产品，也是市场上目前唯一一款针对利率进行创新的房贷产品，目前在很多地方银行都有推出此种贷款方式。

"双周供"是近年来从国外传入我国的一直新型还款方式，因为很多国家是实行周薪制的。所谓"双周供"，指中长期个人购房按揭贷款客户每双周归还一次贷款本息的还款方式。根据是否缩短贷款期限，"双周供"可分为"省息双周供"和"减压双周供"两款，供客户自主选择。"省息"双周供加快还款频率，贷款期限相应缩短，在还贷压力基本不变的前提下，最大限度地节省利息开支。适用于收入稳定、财务计划执行能力较强的人群。"减压"双周供仅加快还款频率，贷款期限保持不变，每月（两期合计）还款额减少。适合有还款资金压力的客户。

案例11

海归家庭的理财经

赵小姐，30岁，目前在一家外企工作，先生32岁，担任华为技术研发，夫妻俩均为留学海归人员，小孩2岁，家庭年收入50万，年支出25万，有房有车，两人均有社保，目前没有购买任何商业保险。银行理财产品购30万，存款20万。

财务诊断：典型海归家庭，家庭年收入属中等偏高水平，但支出也不少，理财方式简单，财产性收入太少，未来生活品质太依赖于工作收入。

梦想与隐忧

赵小姐的人生梦想就是夫妻俩一起努力工作，接着换一所更大的房子，每年都一家人一起去旅游。均有留学经历的夫妻俩，都认为教育对小孩的成长非常重要，因此都期望未来能让儿子接受精英化的教育，到18岁的时候，能让他去美国留学，接受精英式教育的全面熏陶。当然，这就意味着未来需要一笔不菲的教育金等着他们准备。夫妻俩对未来的生活都充满了期待，但是内心同样有一丝担忧，未来的工作是不是可以确保稳定，毕竟现在全球有很多大公司都会出现经营不力而大规模裁员情况，未来夫妻俩是不是能确保工作顺利，稳步向上呢。

根据他们的人生梦想与担忧，我为他们制定了一份理财规划方案。首先，要在开源节流方面做得更好，让收入继续稳步增长，另外合理控制不必要花销，让未来有更多的结余来实现各种人生梦想。然后，给她们做了一份子女教育金规划，以环球基金定投方式，每年定投15万，定投10年，预计长期收益率为10%，这样，在孩子18岁时，可每年从账户中取出60万，连续取5年，共300万，作为小孩未来出国深造的资金来源，然后账户还剩余超过200万，作为小孩留学归来的创业金或结婚购房金等用途。随着未来收入比的增加，可以再制定一份养老规划。

在家庭保障方面，先生在华为有着全面的商业团体保险补充，保障范围和额度有一定保障，但是考虑到家庭责任的重担，需要增加一定的寿险及重大疾病保额，未来会不会离开华为也是一个未知数，一旦离开，将出现保障空白期，因此需要提前准备。赵小姐也许有补充相应保障，因为先生是赵小姐收入的2倍左右，保额比例可以参考同样倍数。

剩余闲钱部分，可留足6个月家庭支出，即10万左右，配置货币基金，作为家庭应急备用金，其余部分及未来结余，一部分可以投资到华为股权上，每年分享企业客观的盈利。至于换房计划，未来在小孩上小学后，可以根据未来结余情况，适时出售目前居住房产，这样就能贷款换一套更大的房子，月供控制在可承受范围内即可。

案例总结

高收入家庭，尽可能让更多结余放到可增长资产中，让财产性收入这个雪球越滚越大，做好家庭保障这个人生风险的保险柜，尽早合理规划教育金与养老金这种刚性需求，就能确保未来高品质生活！

第12章
30年后，你拿什么养活自己

　　"我能想到最浪漫的事，就是和你一起慢慢变老……"但是在现实中的养老，却不是那么浪漫的，关于养老，已经成为网络和民众热议的话题。每次我去企业跟白领朋友分享理财知识，讲到养老规划话题时，很多人都会想，自己还年轻，养老离我还非常遥远，或者会认为有社保就可以解决养老问题了，现在不用太担心。对于她们这样一种反应，我也能料想到的，但与此同时，我又是非常担心的，因为未来养老的问题，会让每一个人揪心而又头痛，如果现在没有任何心理准备和危机感，到时就有可能过上凄凉的晚年生活。

　　最近，关于国内养老金问题，网络媒体上炒得沸沸扬扬，专家学者们不断争论养老金缺口到底有多大，是不是要延长退休年龄，还有增加缴费年限等热议问题。以前，很多人还非常少关注自己未来的养老问题，因为以前养老问题都是国家来解决，所以，养老靠国家的观念根深蒂固，像我们父母这一代，基本上养老也是如此情形。经过这样的广泛关注和讨论之后，未来个人养老严峻形势凸显，每个人不得不更加需要考虑自己的未来养老问题了。

　　事实上，中国早在2001年就已经进入老年化社会，随着中国人口老年化不断加剧，国家的相关养老制度还在不断摸索与完善的阶段，30年后，谁来解决我的养老问题，已经迫在眉睫了。

✿ 未富先老的中国

在探讨养老话题之前，应该先了解中国和世界的社会养老现状。老年化问题，已经是全球不同国家面临的共同问题，欧美发达国家一样非常头痛。目前全世界60岁以上老年人口总数已达6亿，有60多个国家的老年人口达到或超过人口总数的10%，而且这些国家未来人口老龄化程度还会进一步加重。据日本国立社会保障与人口研究所预测，到2030年，日本65岁以上的人口比重将达32%以上，2055年将抵达41%以上。到2030年，美国65岁及以上人口的比例将从目前的14%提升到19%。另据联合国的最新预测，到2040年，中国60岁及以上人口占比将由目前的13.26%提高到28%左右。通常，65岁以上人口比重每增加一个百分点，直接造成的社会支出增加总量相当于GDP的0.65%。人口老龄化对各国政府的财政压力可见一斑。

其实，欧洲国家发生的债务危机，跟老年化严重关系密切。一方面，老年化严重影响了劳动力供给，从而影响到生产力，对国家经济增长产生负面影响；另一方面，政府需要为国民的养老金不断提高财政支出。因此，欧美国家不能从经济增长上"开源"，在财政支出上又不能"节流"，欧债危机席卷欧洲就不难理解了。在希腊和意大利，民众抗议政府为了解决危机，不断压缩财政支出，民众的退休养老金不断缩水，退休年龄从65岁改成67岁，让政府和民众的矛盾不断升级，甚至出现暴力示威情绪。其实，欧洲今天的情况，很有可能就是中国30年后的情形。事实上，应该说中国未来的形势比欧洲更加严峻，虽然经过三十年的改革开放，中国经济已经取得长足发展，但仍还处在发展中阶段，未达到发达国家水平，是真正意义上的未富先老国家。中国在人均GDP为3000美元时就已进入老龄化社会，而一般国家人均1万美元时才进入这个阶段。

目前，老年化问题在北京、上海等大城市特别明显。下面给大家讲一个我经历的故事，本人有一次去上海出差，坐了回公交车，我坐在后面的位置上，在公交车开到一个地方后，上来一位年近60岁的老人，已经白发苍苍，我想应该会有人给她让座位，我纳闷，正常这种情况在深圳一定有人让位的，当我认真观察公交车前面乘客才发现，原来前面坐着的全部是70多岁的老人家，都比这位婆婆年纪更大，所以才会出现没有人给她让座的现象，最后我让她来后面坐了下来。试想，30年后，我们80后退休的时候，坐公交车又会是什么情形呢？根据中国人口结构情况，2040年左右，也就是80后集中退休的年龄段，是中国老年化最严重的时期，那时会不会出现70岁的老人上公交车都没人让座的情形呢。

现在的家庭结构，已经是"421"的结构形态，即"4"为爸爸、妈妈，配偶的爸爸、妈妈，"2"为本人和配偶，"1"为子女。30年后，随着医疗技术的不断进步，将呈现四世同堂的传统家庭景象，即"421"家庭结构。因此，作为现在的年轻人，不可避免的，30年后开始步入老年的这一代，需要继续为整个家庭分担经济压力，可能压力不会比年轻时候小多少。这些情形，是可以预估的，将来就会摆在那里，是无法逃避的现实，这就需要每个年轻人提前思考，提前应对，做好养老规划。

✿ 谁动了我的养老金

既然养老形势如此严峻，那么到底谁该为自己的养老买单呢？政府，企业，还是自己呢？在弄清楚这个问题之前，首先让我们来看看中国目前的养老金体系的构成。目前中国的养老保险制度建立在三大支柱之上，即强制性社会保险、自愿性雇主年金（企业年金）计划，以及个人理财收入。

令人担忧的是，我国的国家养老保险制度一直存在资金缺口问题，长期依赖于中央和地方政府的补贴。过去五年间，养老金缺口以约25%的年均复合增长率攀升，2010年达到1950亿元。中国养老金缺口越来越大，中国社科院世界社保研究中心主任郑秉文今年7月披露研究结果，目前我国养老金缺口大约1.3万亿元人民币。造成这一局面的根源在于，中国老龄化问题的不断加剧及人口政策导致的"421"家庭结构，我国目前实现的养老金制度，表面上是个人账户和社会统筹相结合的半基金式制度，实际上还是现收现付的形式，即通过后面缴的钱来发给现在退休的人，由于年轻的人口越来越少，那么30年后，退休的人口最多的时候，即领钱的人多，而缴的人是非常少的，缺口也就不难理解了。此外，社保基金潜在投资回报率较低等因素影响，养老金的赤字问题将进一步加剧。劳动和社会保障部前部长郑斯林此前曾表示，中国养老金未来20年的缺口将达到2.5万亿元。

弥补养老金缺口可有多个途径，比如国有资产划拨、增加缴费群体与比例、增加投资收益。如果上述办法都行不通，还可向法国等学习，推迟退休年龄，人为改变老年人的定性，从60岁上升到62岁，甚至65岁。

与此同时，基本养老保险的替代率水平也在不断下降，这将使得退休人员更加难以维持其生活水平，尤其是生活成本不断上涨。所谓替代率，就是退休后，能领取的养老金占你退休前收入的比例。

值得注意的是，与成熟市场相比，我国养老的第二、三支柱发展较为缓慢。不同于瑞士和丹麦近100%、美国和加拿大约50%的年金覆盖率，我国的企业年金计划起步较晚，2009年底覆盖率仅1.5%。截至2011年4月，我国企业年金和个人养老金的管理资产额之和预计达到800亿至1000亿美元，相当于GDP总量的1.7%，与基本社会保障的规模相当。

同时，通过提供税款优惠政策鼓励购买养老保险产品、确保自愿性养老金计划可转移性和建立风险交易平台等手段，为属于第二、三支柱的自愿性养老保险以及医疗保健和长期护理计划创造更加有利的监管环境。

世界银行认为每个政府都应该提供有三大养老支柱：政府提供的老人社会保障，社保，以及个人自愿储蓄投资及保险保障。我们且看美国的情况。美国财政部在1993年做了一个调查，发现退休人士的生活费用来源有：23%来自社会保障金、19%来自雇主退休金、32%来自个人积蓄、24%来自靠继续工作、2%来自其他。美国人一向储蓄不高，退休保障亦较中国好，退休生活尚且有三分一靠个人积蓄。可想而知，大家除了社保外，还需有个人储蓄投资。

因此，无论养老制度如何改革，个人养老难题的解决途径，已经不能依赖政府，社会养老保险往往只能保证基本的生活，要想退休后过着高品质、有尊严的晚年生活，就必须靠自己了。

多少钱够安享晚年

最近，网上一篇关于"80后夫妻退休养老需要700万"的文章广为转载。很多人都惊叹为什么自己日后的养老费用需要这么高，其实，这并不算高，因为它包含了通胀因素。通过例子，我们可以一起来了解一下养老到底需要多少钱。假如你现在30岁，55岁开始退休，活到85岁，假设今天就退休，每月6000元的生活支出水平能满足，那么，到55岁时，假设通胀率为5%（过去30年平均通胀率为5.6%），这样，55岁时，要满足今天6000元购买力的费用是20318元，那么养老需要的总费用为：20318×12=243816/年，需要生活30年，即总额为7314480万，超过700万的费用！

和以上计算相比，还有一个可供参考的数字，北京师范大学的经济学教授钟伟，关于中国现在年轻人的养老，也估算了一个数字。他没有公布具体的计算细节。但是，他也给出了一个概念：以北京等一线城市的年轻人为例，1000万元不够养老！

1000万元！当然，他说的是人民币，没说是欧元或美元，即便如此，还是招来非议声一片。有外企的白领网友算了一笔账：现在一年工资大约在十万元左右，由于升职的竞争太激烈，该因素暂时不作考虑，那么，每月收入1万，基本就到了极限了，年收入即为12万，那么工作20年，就是240万，工作30年就是360万。这还有个前提，就是不吃不喝不消费。如果一个中高收入的白领都不能在养老上具有安全感，就更不必谈及那些还不如他们收入的人群了。这位网友认为1000万元不够养老的观点是危言耸听！

到底是"双人700万"还是1000万更准确，说实话，这个数字完全取决于你个人，因为每个人对未来养老生活的品质标准都不一样，因此养老的费用完全有可能大于1000万，或者完全有可能小于700万，每个人养老的具体费用，可以寻找理财师帮助你一起计算出来，然后就可以提前准备你的年轻退休计划。

✿ 年轻退休计划

现在，我们已经清楚：要让自己和伴侣过上幸福、有尊严、有品质的晚年生活，需要700万，甚至1000万以上。这是一笔非常大的数字，看到这里，或者很多年轻人已经有了危机感，因为已经清楚社会保障体系的养老金缺口对现在的年轻人最终意味着什么，靠自己的工资能不能解决我们自己的养老。有危机感不是坏事，但也不必因此焦虑，其实只要我们提前做好规划，完全可以解决我们的养老金问题，甚至可以实现年轻退休的想法呢。我们不但应该有幸福的退休生活，更要有健康、自由、充满安全感的青年时代。换句话说，只有我们做好了充分的准备，确认退休之后生活无忧了，才可以更惬意地享受美好的当下。

因此，年轻人需要从现在开始，改变享受今天、不顾未来的生活态度，减少负债、过度消费等不良习惯，及时重视自己的未来生活，做好未雨绸缪的养老准备。

然而，我们到底该如果准备我们的年轻退休计划呢？

首先，需要清楚退休目标，就是应该考虑清楚自己未来打算多少岁退休，到底是50岁，还是55岁，要有自己的一个期望时间。另外是自己对未来生活品质的要求，即假设现在就退休，你需要多少钱一个月来满足你的生活，这样就能算出你未来需要养老的钱，当然，这个开支除了日常开支，还得包括医疗和休闲娱乐开销。

其次，应该了解自己目前所能投入的财务资源，包括一次性资金和每月闲钱，这些资源就是帮助您实现退休计划的基础，这就需要非常清楚自己现在的财务状况，包括资产负债和每月支出情况，未来自己的收入和支出变化等等，这样可以更清楚掌握现在和未来能投入的资金。

最后，就是根据自身风险属性，结合市场上的各种养老规划工具，制定完整的退休养老规划，然后定期回顾和调整这个计划的执行情况。

养老金准备是一项长期规划，市场上有很多金融工具都适合做养老规划，每个人应该根据自身年龄、风险偏好及财务状况，灵活运用不同的工具。

现在市面上可以选择的工具主要包括储蓄、保险、国债、基金、房产等。现在是一个低利率高通胀的时代，通过储蓄方式来积累养老金已经完全行不通，另外，国债的收益也是比较低，如果不是有一大笔一次性可投入的资金，也很难获得理想的回报，因此，国债也不可靠。那么剩下商业养老保险、基金定投、以房养老三种养老准备方式，我们可以再进一步做比较，看看哪个更适合年轻人作为养老规划的方式。

商业养老保险是作为社保养老金的有力补充，兼具寿险保障和养老规划的双重功能。目前，市场主要有传统型养老险和分红型养老险。传统型养老保险，是一种固定回报利率的，保监会规定其最高上限为2.5%，因此它的抗通胀能力较弱，而另一种分红型养老保险，因为有分红收益，但分红收益取决于保险公司的投资能力。因此，分红型养老险比传统养老险更有保值优势，随着保监会不断允许保险资金投资到更多的渠道，像股权、商业地产等领域，保险公司的投资能力将进一步得到保证，分红能力就会得到加强。

很多人做养老规划准备，都会想到养老保险。确实，它通过今天的定期储蓄，退休时能有持续稳定的年金，有非常好的强制储蓄效果。另外，保险所具有的保障功能也是其他工具所不能替代的。问题是，我们需要的巨额退休金，它能完全解决吗？事实上，它是很难做到的，我们就拿市面上的一款分红型养老险作为例子来看看。

中国人寿福禄满堂养老年金保险（分红型），假设你28岁开始购买此类养老险，选择缴费期限10年，则年缴保费为1万元，选择60岁开始领取养老金，每年可以领取10260元，直至79岁，20年共计领取205200元，是所交保费的2.05倍；另外，还有分红收益，假如79岁才开始取，则累计红利在5万～20万不等。经简单估算，其年化回报率在3.5%左右，然而，过去30年的平均通胀率为5.6%，因此，一般情况下，分红型养老险也是跑不赢通胀的。养老保险由于风险低、收益稳定，是中老年人比较合适的储备养老金的方式，但对于年轻人而言，就不是最合适的方式了。

说到养老准备，还有一些热衷于房产投资的朋友，会考虑以房养老。此种方式在欧美发达国家已经有成熟模式。"以房养老"主要有两种形式：一是把房产抵押给银行等机构，每月取得贷款作为养老金，老人继续在原房屋居住，直至去世或搬进养老院后用该住房归还贷款；另一种就是出售大房换购小房，用差价款养老。

"以房养老"看似很美，却存在很多障碍，主要体现在以下几种情况。

（1）以房养老难破传统观念

许多人贷款买房，辛苦一生赚钱还贷，到临近退休才还清贷款，但此时已无太多积蓄来养老。而且，房子很多情况是顺理成章地留给子女。许多老人对"以房养老"这种方式无法接受，房子将来肯定是属于儿子的，儿子将来住不住、卖不卖是他的问题。

（2）金融机构犹豫不决

"以房养老"金融产品推出的最大阻力来自于金融机构的犹豫，房价下跌的风险是他们最为担心的因素。目前承接"倒按揭"的业务尚不成熟，国内房地产市场价格中长期走势、人均预期寿命等关键因素难以预测。对银行、保险公司等机构来说，正向按揭贷款的风险是随着时间的推移不断减小的，而"倒按揭"恰恰相反，时间越长风险越大。如何确定"倒按揭"利率也是一大难题，贷款额少，老人不乐意；贷款期长，机构又可能吃亏。

（3）受70年产权限制

我国住宅用地的使用年限一般只有70年，当老人年迈将房产抵押时，商品房的使用年限大都已经不多，而当老人身故时，使用年限更是所剩无几。那么，保险公司或银行依靠剩下的使用年限来补偿已支付的养老金成本，一方面所能承受的给付能力有限，另一方面风险也较大。保险公司或银行将房产收回后无非出租或出售以获得相对稳定的现金流，但在房价泡沫时，租不出去或卖不上价的情况也是可能发生的。

（4）适用人群较窄

实现"以房养老"要有三个条件：老人与子女分开居住，使得房屋的出租或者抵押不至于影响正常生活；老人拥有对房子的产权，才有出租或者抵押房屋的权利；老人经济状况适中，因经济条件很好无"以房养老"必要，经济条件过低不具"以房养老"条件。

实际上，早在2007年，上海市公积金管理中心曾试推过以房自助养老，也就是65岁以上的老年人将自有产权房屋出售给上海市公积金管理中心，老人在有生之年仍然可以居住在原有房屋内，出售房屋所得款项在扣除房屋租金、保证金及相关交易费用后全部由老人自由支配使用；然而这一试点并没能开展下去，这项业务早已悄然停止。因此，"以房养老"在国内还难以实现。

最后，我们再来看看基金定投这种养老金准备方式。相对于回报率不算高的养老保险，有些年轻人更倾向于选择基金定投的方式来储备部分养老金。基金定投一方面可以强制年轻人储蓄，另一方面可以平均投资成本、分散风险，对于年轻人储备养老金未尝不是一种合适的选择。说到养老投资，最关键的两个考虑因素就是安全性和收益性。综合来看，定期定额投资基金是兼具安全性和收益性的养老首选投资工具。

首先，基金定投具有较低的风险性。国内外历史数据显示，基金定投投资周期越长，亏损的可能性越小，定投投资若超过10年，亏损的概率接近于零。根据海通证券基金研究中心统计显示，过去

12年里只要任意定投一只基金达七年，盈利概率为100%，且年收益均值能达到12.94%。其之所以具有较低的风险性，是由其投资的方式决定。多次小额买入的投资方式比较容易坚持下来，投资期限如能达到5年以上，其间市场至少会经历一次牛熊转换。如市场由牛转熊，由于投资者是分批买入，成本相对较低，市场进入熊市后，成本摊得更低，因此只要市场稍有起色，便可实现盈利。比如2007年至2008年，市场经历一次空前大波动，很多在2007年高点单笔大额买入的投资者，即使到2009年也仍然难以扭亏；而做基金定投的投资者，虽然在2008年也难言盈利，但2009年市场点位稍一上升，很快便扭亏为盈。我自己也在2006~2009期间做过基金定投，3年多下来的年化收益在11%左右。

其次，基金定投的收益率长期来看比较理想。如以上证指数模拟定投的基金净值来计算不同期限定投的年化收益率，可以看到即使市场指数在短期内波动较大，既有大幅上涨的年份，也有大幅下跌的年份，但从长期来看，市场指数年化收益率还是很可观的，如上证指数1993~2007年15年间的年化收益率为10.3%，1998~2007年10年间的年化收益率为15.8%，香港恒生指数1978~2007年30年间的年化收益率为15.15%，大幅超过其他投资方式的收益率。

基金定投作为积累养老基金的投资工具，在成熟市场已经风行很久，最近几年，在国内也得到较多理财师推荐。举个例子，如果你今年25岁，打算55岁退休，从现在开始每月定投2000元于一只指数基金，投资期限30年，假设年化收益率为10%，按复利计算，则60岁退休时可获得450万左右，足以满足很大部分的养老需求了。

巧用基金理财，收获丰盛人生

正所谓一年之计在于春，投资理财也不例外，春天是播种的季节，年初先撒下种子，经过悉心照顾，来年就能收获幸福的生活。其实，理财就是一种生活方式、生活态度。如果不为将来考虑，所有收入吃光花光，不留一颗种子，那么您的未来就多了一份不确定，到了严寒的冬天就没有足够的粮食过冬了。如果我们以积极乐观的人生态度对待未来，今天多一份储蓄、多一份投资，未来就会多一份幸福。下面跟大家分享一个朋友的春天播种计划，希望给大家的基金投资策略多一点启发。

张先生在一家国企上班，今年30岁，月收入1万元，妻子月收入8000元，加上房贷和养车费用，家庭月总支出1万元。年底奖金有10万元，存款2万元，小孩今年1岁，压岁钱5000元。就他的年终奖、家庭月结余、银行闲钱、小孩压岁钱的安排，让我帮他制定一个投资理财计划。我的建议是用"核心—卫星策略"进行资产配置。

所谓"核心—卫星策略"，就是选取波动性较低、稳健获利的投资工具，如指数基金、债券基金、保本型基金等作为核心投资组合，核心投资通常采用被动管理，另外选取成长型股票基金、全球股票型基金、能源基金等作为卫星投资组合。核心—卫星策略基金给投资者提供了攻守兼备的机会：在市场上涨时，分享卫星投资的优异表现；在市场波动时，通过核心投资的稳健表现，降低可能产生的亏损程度。

首先，安排好家庭的生活应急备用金，每月支出1万，因为收入稳定，准备3个月支出3万即可。从年底奖金中拿出1万加上存款2万便足够。这3万可以分为两部分，其中1万放银行存活期，另外2万可以购买货币基金。货币基金具有高安全性、高流动性、稳定收益性，具有"准储蓄"的特征，而且没有任何手续费。

由于张先生属于积极稳健型投资风格，可按六四比例进行核心—卫星配置。建议配置国投瑞银融华债券基金作为核心投资，即拿5.4万配置瑞银融华，此基金是长期稳健的五星级债券基金，适合做核心基金配置。另外的3.6万卫星投资，可以选择长期稳健的成长型股票基金，像兴全全球视野、东方策略成长，都是具有非常不错表现的五星级基金组合形式，各投资50%的比例，这样可以通过投资组合降低风险。

另外考虑到张先生家庭有月结余8000元，建议拿出5000元来做基金定投，按照六四比例进行核心—卫星配置，即3000元定投瑞银融华，另外将1000元定投兴全全球视野，1000元定投东方策略成长，按照10%的组合预期年化收益率，整个基金配置15年后将会有200万，能非常好地解决其子女高等教育金和夫妇俩的退休养老问题。

此外，小孩的压岁钱5000元，可以单独开立一个基金账户，作为培养小孩财商和基本理财能力的基金账户。财商需要从娃娃抓起，等他懂事时可以告诉他这个账户里的所有钱都是他每年的压岁钱，在适当时侯会交回给他自己打理，可以作为以后自己的兴趣培养基金，甚至可以作为高等教育金的有效补充。

以上的基金配置组合策略，能很好地将张先生家庭的年终奖、闲钱、压岁钱有效使用，解决未来的退休养老和子女教育金难题，从容面对未来的生活。

案例总结

基金是一种非常好的理财方式，根据科学的基金组合策略，能轻松做到强制储蓄，使财富稳健增长，满足教育金和养老金这种长期理财需求。在春天为自己的未来播下基金种子，秋天就能收获丰硕的人生果实。